Transport électrophorétique de l'ADN en solution de polymères neutres

Axel Ekani Nkodo

Transport électrophorétique de l'ADN en solution de polymères neutres

Mécanisme de séparation de molecules d'ADN en solution de polymères neutres sous l'action d'un champ électrique

Presses Académiques Francophones

Impressum / Mentions légales
Bibliografische Information der Deutschen Nationalbibliothek: Die Deutsche Nationalbibliothek verzeichnet diese Publikation in der Deutschen Nationalbibliografie; detaillierte bibliografische Daten sind im Internet über http://dnb.d-nb.de abrufbar.

Information bibliographique publiée par la Deutsche Nationalbibliothek: La Deutsche Nationalbibliothek inscrit cette publication à la Deutsche Nationalbibliografie; des données bibliographiques détaillées sont disponibles sur internet à l'adresse http://dnb.d-nb.de.

Coverbild / Photo de couverture: www.ingimage.com

Verlag / Editeur:
Presses Académiques Francophones
ist ein Imprint der / est une marque déposée de
AV Akademikerverlag GmbH & Co. KG
Heinrich-Böcking-Str. 6-8, 66121 Saarbrücken, Deutschland / Allemagne
Email: info@presses-academiques.com

Herstellung: siehe letzte Seite /
Impression: voir la dernière page
ISBN: 978-3-8381-7645-1

Table des matières

Introduction

Séparation et séquençage

Que ce soit pour analyser un produit, le purifier ou en extraire certains composés seulement, le biologiste, chimiste ou physico-chimiste a constamment besoin de séparer des molécules ou des assemblages moléculaires. Ceci suppose d'être capable d'extraire une population présentant une caractéristique particulière qu'il s'agit de mettre en évidence. La biologie moléculaire et la médecine sont tributaires de ces techniques de séparation et, sans elles - et notamment sans l'électrophorèse - seraient beaucoup moins avancées qu'elles ne le sont aujourd'hui.

En ce qui concerne la molécule d'ADN, on cherche à séparer les fragments suivant leur taille. En effet, une séquence d'ADN est une suite de bases (Adénine, Thymine, Guanine et Cytosine) plus ou moins longue dont certaines séquences, dites codantes, portent l'information génétique. Par exemple, pour isoler une séquence codante, après l'avoir coupée du brin, il faut pouvoir la récupérer. D'autre part, le séquençage, c'est-à-dire la lecture base par base d'un fragment, repose sur la possibilité de séparer des brins d'ADN dont la longueur diffère d'une base seulement (la taille d'une base est de 0,3 à 0,4 nm). Les techniques développées par Maxam et Gilbert ; et Sanger supposent toutes une telle étape.

Electrophorèse : historique et principe

Le terme électrophorèse se rapporte à la mise en mouvement de particules chargées sous l'action d'un champ électrique. Comme la majorité des molécules biologiques portent des charges, elles se prêtent bien à cette technique. La première séparation remonte à Tiselius en 1937, qui l'utilisa afin de séparer les protéines du sérum sanguin et du lait. Avec le développement, depuis les années 50, de la biologie moléculaire et cellulaire, les techniques de séparations et d'analyses furent améliorées ; l'électrophorèse a donc fait l'objet de beaucoup d'attention depuis et contribue toujours de manière essentielle aux avancées dans ces domaines. Le décryptage du Génôme Humain en mai 2001 (lancé en 1996) n'aurait jamais abouti aussi rapidement sans le développement des techniques d'électrophorèse.

Il existe plusieurs méthodes pour séparer des molécules ; elles sont essentiellement basées sur les propriétés physiques (taille, masse...) ou chimiques (polarité, affinité, réactivité...). Deux variantes sont possibles pour l'électrophorèse : l'isofocalisation et l'électrophorèse de zone. Dans la première, on fait migrer des molécules ampholytes (à la fois acides et basiques) dans une solution à gradient de pH. Ainsi, les molécules ralentissent au fur et à mesure qu'elles approchent de la zone où le pH est égal à leur point isoélectrique et finalement s'y arrêtent. Cette technique est particulièrement intéressante pour séparer ou purifier des protéines, ces dernières étant justement ampholytes. L'électrophorèse de zone utilise les différences de vitesse entre les molécules à séparer. Celles-ci peuvent provenir par exemple d'une différence de densité de charge ou d'une différence de taille à condition de choisir un milieu de séparation adéquat. En effet, dans la majorité des cas, des objets de densité de charges égales migrent en solution avec la même vitesse indépendamment de leur taille ou de leur forme.

Les premières expériences d'électrophorèse en solution se heurtèrent au problème de la convection, un type de transport non sélectif au regard des critères de séparation voulus. Une manière de la supprimer a été d'effectuer la séparation dans un gel. Il s'avère qu'en plus d'être anti-convectifs, les gels permettent aussi de séparer les molécules par deux types de processus. Le premier consiste à faire traverser des molécules dont la taille est plus petite que la taille moyenne des pores du gel ; les plus grosses sont d'avantage ralenties car il y a moins de pores par lesquels elles peuvent passer : c'est le régime d'Ogston. Le deuxième, plus inattendu, est un processus de reptation des molécules bien plus grandes que la taille des pores ; le polyélectrolyte se faufille à travers le gel, entraîné par l'une ou l'autre de ses extrêmités. C'est grâce à cette technique sur gel que le séquençage est possible. En général, on utilise des gels d'agarose pour la séparation et d'acrylamide pour le séquençage. Malheureusement, il n'est pas possible de séparer des ADN de plus de 50000 paires de bases en champ continu, limite qui a été repoussée jusqu'à 10 millions de paires de bases en champs pulsés, ce qui est encore inférieur à la taille de certains chromosomes humains. De plus, la durée nécessaire pour séparer des molécules de cette taille peut atteindre plusieurs jours. Ceci pose évidemment des problèmes de reproductibilité et d'efficacité.

L'idée d'utiliser des capillaires résulte du besoin de séparer les molécules biologiques plus rapidement. Les capillaires (de 20 à 500 μm de diamètre) permettent une évacuation rapide de la chaleur accumulée par effet Joule du fait de leur petite dimension : la convection est ainsi limitée. Mais introduire un gel dans un capillaire n'est pas aisé est mène souvent à des inhomogénéités telles que des bulles ou des gradients de densité de réticulation. D'où l'idée d'utiliser à leur place des solutions de polymères enchevêtrées, qui constituent un milieu similaire plus facile à introduire dans le tube. L'électrophorèse capillaire (EC) a, de plus, le grand avantage de pouvoir facilement être automatisée : il existe des appareils commerciaux proposant une centaine de capillaires en parallèles, les échantillons étant détectés par UV à leur passage devant la fenêtre de lecture. Du fait de l'évacuation rapide de la chaleur accumulée par effet Joule, on peut appliquer des champs électriques élevés (jusqu'à 400 $V.cm^{-1}$). En semi-dilué, il est possible d'obtenir une très bonne résolution, notamment pour les fragments de moins de 1000 bases (voir par ex. Heller [1]) , ce qui n'est pas aussi évident en gel. En 1996, il a été montré que séparer est également possible dans des solutions polymères diluées. Bien que la qualité de la séparation soit moins bonne, elle est notablement plus rapide. De même, des ADN de plusieurs mégabases ont été séparés très rapidement dans des solutions concentrées, là encore avec une faible résolution, mais suffisante pour différencier des fragments dont la taille diffère de plusieurs centaines de kilobases.

Depuis quelques années, plusieurs autres techniques ont été développées. On peut citer par exemple l'utilisation de la microlithographie, où le gel est remplacé par des poteaux dont on peut choisir la disposition ; la technique du "parachute électrophorétique" (ou ELFSE pour End-Labelled Free Solution Electrophoresis) dans laquelle on greffe la même molécule neutre sur tous les ADN, ce qui freine d'avantage les petits fragments. Actuellement, des groupes travaillent sur la migration de molécules d'ADN à travers un trou dont le diamètre est légèrement plus grand que celui de la molécule ou sur le tri par utilisation de la différence de la diffusion latérale des molécules soumises à un flux.

Pourquoi l'ADN ?

De nombreuses études fondamentales utilisent l'ADN comme polyélectrolyte type. Pourquoi ce choix alors qu'a priori ces expériences (dont celles présentées dans ce travail) pourraient être menées avec d'autres molécules ? La réponse la plus immédiate est sans doute que l'ADN, en tant que porteur de l'information génétique, est *naturellement* particulièrement intéressant : être capable de le reproduire ou de le modifier à volonté est l'aboutissement du génie génétique. En fait, d'un point de vue pratique (en dehors du fait que vos amis et votre famille ont toujours l'air plus impressionnés et/ou intéressés si vous leur dites que vous étudiez l'ADN plutôt que le polystyrène sulfonate), cette molécule a des caractéristiques presqu'idéales : on peut se la procurer facilement en échantillons parfaitement monodisperses (ce qui est extrêmement rare) avec des tailles variant de quelques bases à plusieurs centaines de millions ; grâce à sa très grande taille, ses temps et longueurs caractéristiques sont mesurables et observables assez facilement, notamment par vidéomicroscopie ; la molécule se présente sous forme simple brin ou double brins, auquel cas elle est beaucoup plus rigide ; en tant que polyélectrolyte, sa longueur de persistance peut être ajustée par le choix de la force ionique du solvant ; de plus, sa chimie est bien connue et on sait comment lui greffer d'autres molécules et notamment des marqueurs.

Motivation et plan de ce travail

Bien qu'utilisée depuis maintenant plusieurs années, l'électrophorèse en solution ne fait pas l'objet de beaucoup d'études fondamentales. Une manifestation directe de cette situation en est le peu de modèles théoriques développés. Pourtant, malgré sa complexité, ce problème est très intéressant puisque plusieurs mécanismes se superposent en fonction de la concentration et du champ électrique auxquels on travaille : en plus de la reptation (avec relâchement de contraintes, le réseau de polymères n'étant pas rigide comme un gel) des collisions ou enchevêtrements provisoires ADN/polymère se produisent. Par la mesure simultanée de la mobilité électrophorétique, du coefficient de diffusion et de l'orientation des molécules, nous nous proposons de contribuer à la compréhension de ces différents processus ainsi que d'évaluer leur importance respective. D'autre part, alors que beaucoup de données sont disponibles concernant la mobilité de l'ADN dans les solutions de polymères (en fonction de la nature du polymère, de sa concentration, du champ etc...), au début de ce travail, il n'y en avait pratiquement pas concernant le coefficient de diffusion. La mesure de ce dernier apporte une vision complémentaire et indépendante de la mobilité dans le cadre de l'élaboration de modèles théoriques. Pratiquement, il consiste également en une mesure de la résolution maximale que l'on pourra atteindre au cours d'une séparation. Alors que dans les gels l'élargissement des bandes par diffusion est négligeable par rapport à la largeur de la bande lors de l'injection, cela pourrait ne plus être le cas en électrophorèse capillaire.

Après avoir, dans le premier chapitre, introduit les techniques et les matériels utilisés , nous présenterons, dans le second, des résultats concernant l'électrophorèse en solution pure d'ADN. Alors que ces dernières années des travaux théoriques [2] ont montré que notre compréhension de ce degré zéro de l'électrophorèse des polyélectrolytes en solution n'est pas encore aboutie et que des techniques récentes de séparation utilisent ce milieu, il paraît important d'avoir des données expérimentales propres concernant la migration de l'ADN dans ces conditions. Ces mesures étaient également nécessaires afin de tester la qualité de nos conditions expérimentales.

Dans le troisième chapitre, nous abordons l'étude de l'électrophorèse en solution de polymères neutres. Les expériences étaient principalement focalisées sur la mesure, pour la première fois, des coefficients de diffusion en fonction des différents paramètres (champ électrique, masse, concentration) pour lesquels nous avons obtenu des lois d'échelle. Grâce à la technique de FRAP/FDLD qui permet de mesurer simultanément la mobilité, l'orientation et le coefficient de diffusion, ces résultats ont pu être interprétés en terme de mécanismes d'interaction entre l'ADN et les polymères neutres.

Enfin dans le quatrième chapitre , nous avons cherché à mieux appréhender la dynamique des polymères neutres lors de l'électrophorèse en solution diluée au moyen d'une utilisation originale de la FRAP baptisée "manipulation mirroir".

Chapitre 1

Matériel et méthode

1.1 Techniques expérimentales : FRAP/FDLD

La technique de Recouvrement de Fluorescence après Photoblanchiement (FRAP) a été développée pour mesurer le coefficient de diffusion de macromolécules fluorescentes ou marquées avec des fluorophores. Le principe de base est le suivant : on désactive les molécules fluorescentes dans certaines zones de l'échantillon et on mesure le temps nécessaire pour que le contraste entre les zones contenant des molécules actives et des molécules inactives disparaisse. Ce temps permet de déterminer le coefficient de diffusion. Sous certaines conditions [3], on peut mesurer simultanément le coefficient de diffusion et la vitesse de ces molécules dans une direction. De plus, le montage présenté ci-après est couplé avec un dispositif de dichroïsme linéaire détecté en fluorescence (FDLD) développé par Laurent Meistermann [4]. On peut ainsi mesurer l'orientation des molécules en même temps que les deux autres grandeurs [5].

1.1.1 Principe de la FRAP

On croise dans l'échantillon deux faisceaux issus d'une même source laser de longueur d'onde λ pour y créer une figure d'interférence. L'angle entre les deux faisceaux est θ et l'interfrange $i = 2\pi/q$ où q est le vecteur d'onde $q = (4\pi/\lambda)\sin(\theta/2)$.

Pendant un court instant (typiquement, 1 s), on augmente fortement l'intensité du laser. Cette énergie permet de désactiver les molécules fluorescentes dans les zones éclairées tout en laissant celles des zones sombres intactes ; on crée ainsi un profil sinusoïdal en concentration de molécules fluorescentes [6]. Par diffusion brownienne, les molécules actives et inactives se mélangent jusqu'à ce que le contraste

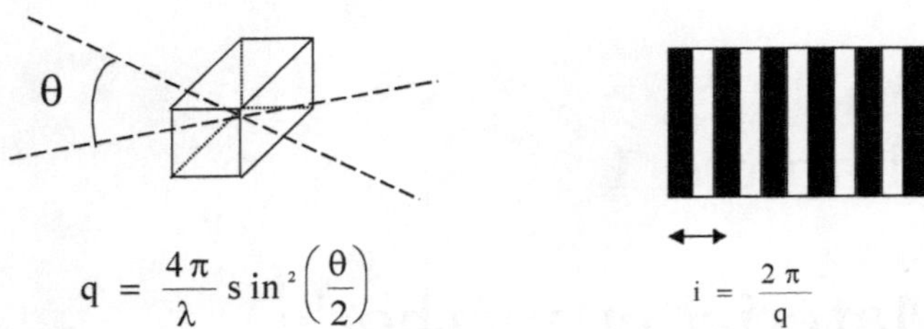

FIG. 1.1 – On crée une figure d'interf érence dans l'échantillon.

entre les zones initialement claires et sombres disparaisse : c'est le recouvrement de fluorescence.

Pour mesurer le contraste, on utilise le même motif d'interférence qui a servi à créer le profil de concentration. En effet, juste après la phase de photoblanchiement, on décale ce motif pour que les franges claires soient superposées aux zones de l'échantillon contenant les molécules actives : l'intensité est alors maximale ($I_{\max}$). Puis, tout de suite après, les franges claires sont superposées aux zones de l'échantillon contenant les molécules inactives : l'intensité est minimale ($I_{\min}$). Le contraste est alors donné par $I_{\max} - I_{\min}$ et on suit son évolution au cours du temps jusqu'à ce qu'il relaxe à zéro.

Ce déplacement des "franges de lecture" est assuré par un pousseur piézo-électrique sur lequel est monté le miroir qui réfléchit le deuxième faisceau. En faisant vibrer le miroir à la fréquence de 1 kHz, on modifie la différence de phase entre les faisceaux de façon à passer d'une situation $I_{\max}$ à une situation $I_{\min}$.

Notons $c(\mathbf{r}, t)$ la concentration en molécules fluorescentes, D leur coefficient de diffusion de translation, I l'intensité détectée et I_l l'intensité de lecture (franges modulées). La loi de Fick donne :

$$\frac{\partial c(\mathbf{r}, t)}{\partial t} = D\nabla^2 c(\mathbf{r}, t) \tag{1.1}$$

Après transformation de Fourier et intégration, cette équation donne :

$$c(\mathbf{q}, t) = c(\mathbf{q}, 0)e^{-Dq^2 t} \tag{1.2}$$

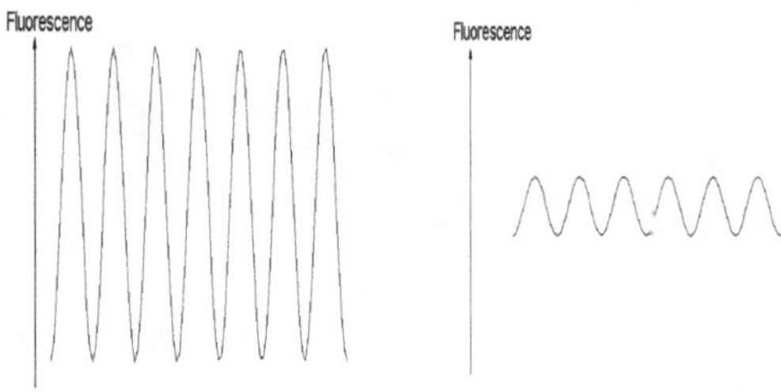

FIG. 1.2 – Le contraste diminue au court du temps.

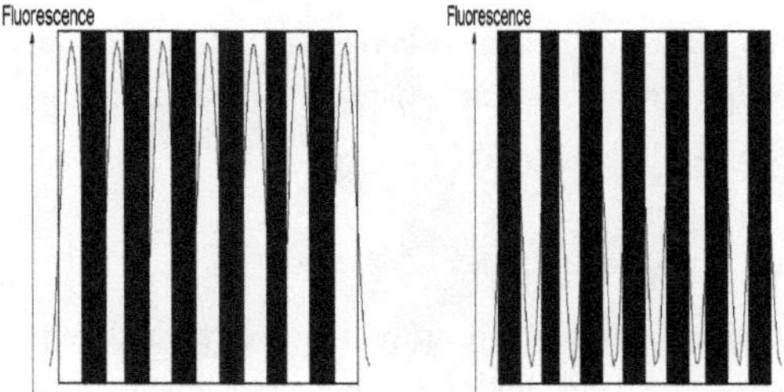

FIG. 1.3 – Le contraste est donné par la différence entre $I_{\max}$ (à gauche) et $I_{\min}$ (à droite).

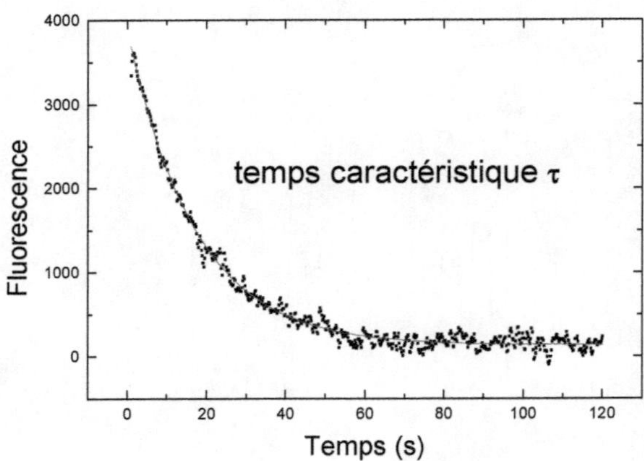

FIG. 1.4 – Signal typique de FRAP.

D'autre part, l'intensité de fluorescence mesurée est proportionnelle à :

$$I(t,t') \propto \int I_l(\mathbf{r},t')c(\mathbf{r},t)d\mathbf{r} \propto \int I_l(\mathbf{q},t')c(\mathbf{q},t)d\mathbf{q} \tag{1.3}$$

L'intégration porte sur la zone éclairée par le laser qui peut être supposée plus grande que les longueurs d'ondes typiques de Fourier de I_l et c. En prenant les relations (1.2) et (1.3), on obtient :

$$I_l(\mathbf{q},t,t') \sim A + B(t')e^{-Dq^2t} \tag{1.4}$$

Le terme A tient compte du bruit de fond alors que B représente le produit de $I_l(\mathbf{q},t')$ par $c(\mathbf{q},t)$. De ce fait, B est périodique avec une fréquence de 1 kHz. On peut donc extraire ce terme par détection synchrone, ce qui permet d'éliminer le bruit et d'obtenir un signal ayant une décroissance exponentielle en $-Dq^2t$. Connaissant q, on a ainsi une mesure de :

$$D = 1/\tau q^2 \tag{1.5}$$

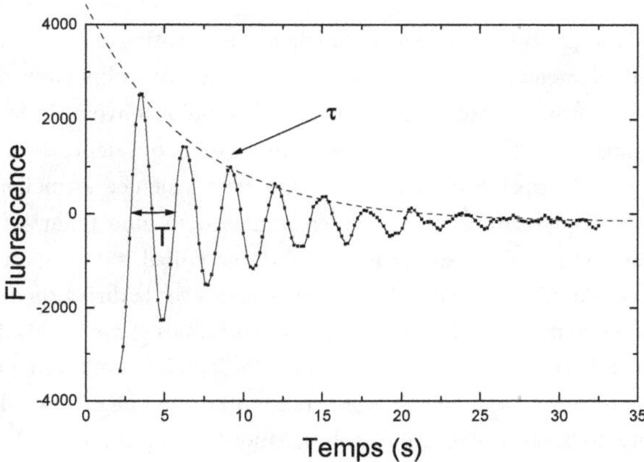

FIG. 1.5 – Signal de FRAP lorsqu'un champ est appliqué.

Lorsque les molécules sont animées d'un mouvement perpendiculaire aux franges, par exemple sous l'action d'un champ électrique, tout le profil de concentration se déplace et on observe un signal sinusoïdal de période T du fait de ce défilement. Le signal de FRAP observé est alors une superposition de ce terme sinusoïdal et du terme exponentiel :

$$I = Ae^{-(t/\tau)}\sin(2\pi t/T) \tag{1.6}$$

Le temps T donne la vitesse des molécules par la relation $\imath = i/T$ et on en déduit la mobilité électrophorétique :

$$\mu = \frac{v}{E} = \frac{2\pi}{qET} \tag{1.7}$$

On obtient donc la vitesse et le coefficient de diffusion des molécules dans la direction perpendiculaire aux franges, ce qui dans nos expériences est aussi la direction du champ électrique. Par la suite, on suppose que le terme coefficient de diffusion se rapporte à sa composante dans la direction du champ électrique.

1.1.2 Principe de la FDLD

Les fluorophores possèdent un moment d'absorption $\boldsymbol{\mu}_a$ et un moment d'émission $\boldsymbol{\mu}_e$. Généralement, ces deux moments ne sont pas colinéaires et font chacun un certain angle avec l'axe de la molécule. Lorsqu'on envoie de la lumière polarisée sur ces molécules, l'onde émise a des composantes qui dépendent des directions des moments d'absorption et d'émission. On peut calculer formellement ([7] ; [4]) les différentes composantes de la lumière émise pour une polarisation de la lumière incidente donnée. D'après les résultats de ce calcul, on voit qu'il est possible de déterminer l'angle moyen que font les molécules avec la direction du champ électrique à condition de mesurer les composantes horizontales et verticales de la lumière émise pour deux directions de polarisation perpendiculaires de la lumière incidente.

Pour réaliser cela, il est nécessaire d'adapter un polariseur sur la fibre qui détecte l'intensité de fluorescence afin de sélectionner la composante de l'onde émise que l'on veut mesurer. Pratiquement, cela pose problème car le signal s'en trouve considérablement réduit, ce qui gêne les mesures de diffusion et de vitesse. Une autre solution aurait été d'utiliser une sphère intégrante, ce qui nécessite une modification du montage expérimental. Nous avons donc mesuré le signal pour un angle donné fixe, ce qui nous permet d'obtenir l'orientation relative (en fait, la valeur de l'orientation pour un angle d'observation donné) des molécules tout en gardant la simultanéité de ces mesures avec celles de diffusion et de vitesse.

Nous avons également mesuré l'orientation absolue pour un échantillon par polarisation de fluorescence. A partir de cette expérience de "calibration", on peut en déduire les valeurs dans d'autres conditions. Cette méthode n'est pas parfaitement rigoureuse, mais les mesures étant effectuées au même angle d'observation, elle est suffisante pour avoir une bonne estimation de l'orientation. Le montage de polarisation de fluorescence est le même que celui décrit par Meistermann et al. [4].

1.1.3 Montage expérimental

La figure (1.6) montre le dispositif de FRAP/FDLD. On utilise la raie bleue d'un laser à Argon (488 nm) ce qui correspond pratiquement au maximum d'absorption du YOYO qui est de 492 nm. La puissance du laser est de 1 watt. Ce faisceau est polarisé verticalement par le premier polariseur et est fortement atténué par le deuxième qui est orienté à pratiquement 90°. On a ainsi un faisceau de lecture de quelques milliwatts. La cellule Pockels, intercalée entre ces deux polariseurs, a pour rôle de photodésactiver les fluorophores. En effet, elle permet de faire tourner

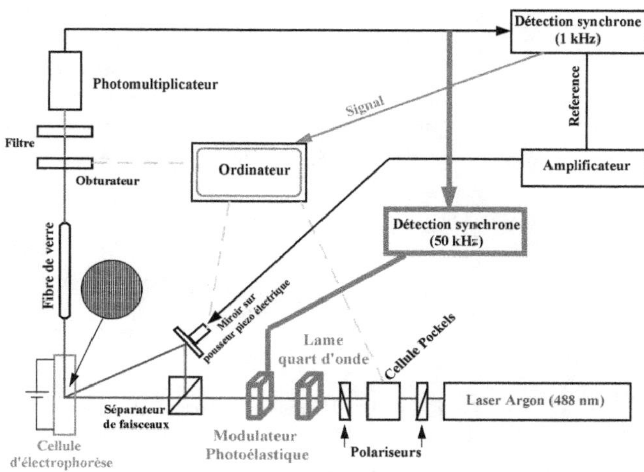

FIG. 1.6 – Montage expérimental FRAP/FDLD.

l'axe de polarisation du faisceau ; ainsi, en changeant sa tension, l'onde passe d'une polarisation verticale à la sortie du premier polariseur à une polarisation horizontale à l'entrée du deuxième : en conséquence, le faisceau n'est plus atténué.

Pour créer le motif d'interférence, le faisceau est séparé en deux. Une partie est défléchie sur le miroir monté sur le vibreur piézo-électrique et les deux composantes sont recombinées dans l'échantillon. Après le photoblanchiement, le miroir vibre à 1 kHz. La lumière émise par les fluorophores est détectée par une fibre optique et amplifiée par un photomultiplicateur. Ce signal étant modulé à 1 kHz, il est analysé par une détection synchrone réglée sur la même fréquence, puis envoyé sur le PC.

Par rapport à ce montage de FRAP initial, on ajoute une lame quart d'onde et un modulateur photoélastique pour réaliser les mesures d'orientation. A la sortie de la lame quart d'onde, la polarisation du faisceau est circulaire ; le modulateur photoélastique sélectionne alors alternativement les composantes verticales et horizontales de l'onde à une fréquence de 50 kHz. Une deuxième détection synchrone extrait du signal envoyé par la fibre cette composante à 50 kHz.

On obtient donc simultanément le signal de FRAP et celui de FDLD.

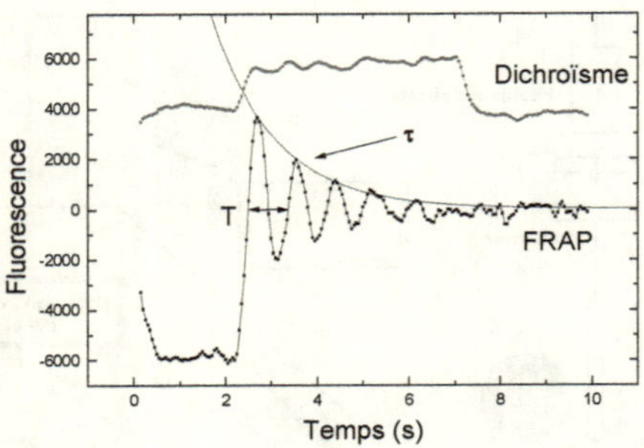

FIG. 1.7 – Signal de FRAP/FDLD.

1.2 Les polymères

1.2.1 Structure de l'acide désoxyribo-nucléique

Centre d'intérêt de la biologie moléculaire, l'ADN est également très bien adapté à la technique expérimentale que nous utilisons. En effet, sa grande taille le rend facilement détectable et sa dynamique est suffisamment lente pour pouvoir être étudiée.

Un brin d'ADN est une chaine de nucléotides reliés par des fonctions phosphodiesters. Chaque nucléotide est constitué de bases puriques (Adénine (A) ou Guanine (G)) ou pyrimidiques (Cytosine (C) ou Thymine (T)). Une molécule d'ADN est formée de deux brins complémentaires formant une double hélice. Cette structure a été mise en évidence par Watson et Crick en 1954. Chaque base d'un brin est couplée à une base de l'autre brin par liaisons hydrogènes suivant la règle suivante : A en face de T avec 2 liaisons, C en face de G avec 3 liaisons. La double hélice ainsi formée a un diamètre d'environ 2 nm, et un pas de $3,4$ nm. Chaque tour d'hélice comporte une dizaine de paires de nucleotides (notées bp par la suite, ou $kbp = 10^3$ bp). La distance entre deux paires de bases adjacentes est donc de l'ordre de $0,34$ nm.

Les polyélectrolytes tels que l'ADN sont des chaînes polymères portant des charges électriques. Ils sont généralement modélisés par une suite de N segments librement joints, chacun de ces segments ayant une longueur b appelée longueur de

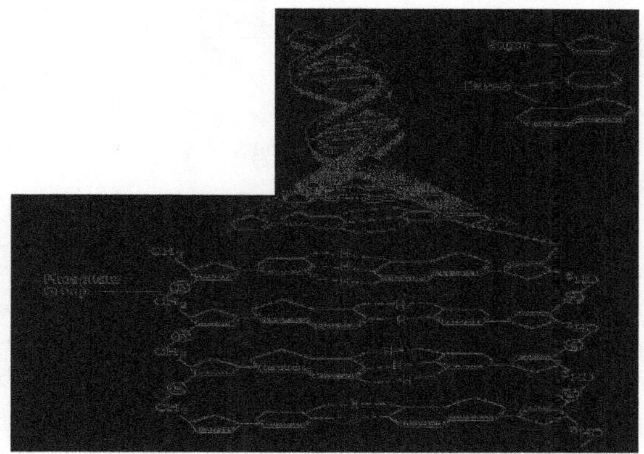

FIG. 1.8 – Structure de l'ADN.

Kuhn égale à deux fois la longueur de persistance p. Cette longueur de persistance comprend à la fois un terme de rigidité lié à l'énergie libre de déformation de la chaîne ainsi qu'un terme lié aux répulsions électrostatiques entre les charges[8]. Le rayon de giration en solution des polyélectrolytes (ou des polymères semi-rigides) est donné par la relation de Benoit et Doty [9] :

$$R_g = \frac{pL_c}{3}.\left[1 - 3\left(\frac{p}{L}\right) + 6\left(\frac{p}{L}\right)^2 - 6\left(\frac{p}{L}\right)^3.\left(1 - e^{-L/p}\right)\right] \tag{1.8}$$

où L est la longueur de contour de la chaîne.

Cette relation ne tient pas compte des interactions de volume exclu ; on retrouve pour $L_c \gg p$ une conformation de pelote gaussienne de rayon $R_g \backsim L_c^{1/2} \backsim N^{1/2}$. Dans le cas $L_c \ll p$, la molécule se comporte en bâtonnet rigide. L'ADN étant un polyanion, son rayon de giration en solution peut être déterminé par l'équation (1.8). La longueur de persistance de la double hélice est de l'ordre de 500 Å pour des forces ioniques supérieures à 5.10^{-3} M [10].

Les fragments d'ADN que nous avons utilisés ont des masses variant de 2, 1 kbp à 164 kbp. Dans le tableau (1.1), nous voyons que nous passons donc de molécules de type bâtonnet faiblement courbé à des molécules gaussiennes. Pour toutes les

N(kbp)	2,1	4,7	5,7	10,3	19,1	48,5	164
N_k	7	16	19	35	65	165	558
L_c (en μm)	0,7	1,6	1,9	3,5	6,5	16,5	55,8
R_g (en μm)	0,10	0,18	0,19	0,25	0,34	0,56	1,31

TAB. 1.1 – Nombre de segments de Kuhn, longueur de contour et rayon de giration des différents fragments d'ADN utilisés.

mesures effectuées, la concentration en ADN est bien inférieure à son seuil de recouvrement $C^* = \frac{M}{\frac{4}{3}\pi N_a R_g^3}$, où M est la masse de l'ADN, qui est la concentration à partir de laquelle les chaînes se recouvrent. La concentration de travail varie de 2 à 10 $\mu g.ml^{-1}$ en fonction de sa taille. Par exemple, pour l'ADN λ, son seuil de recouvrement est d'environ 70 $\mu g.ml^{-1}$,d'après le calcul à partir du rayon de giration, ou 30 $\mu g.ml^{-1}$ déterminé expérimentalement [11] ; nous le diluons à la concentration de 5 $\mu g.ml^{-1}$.

1.2.2 Préparation des solutions d'ADN

Les molécules d'ADN λ (48.5kbp) et T2 (164kbp) ont été achetées respectivement chez Biolabs et Sigma. Les autres fragments ont été synthétisés à partir des vecteurs correspondants avec l'aide de Jean-Marie Garnier de l'IGBMC. Ensuite, ils ont été digérés puis mis en solution.

La solution tampon utilisée est le Tris-Borate-EDTA (TBE) à $10^{-2}M$.

Elle contient :

1) du Tris(hydroxyméthyl)aminométhane 10^{-2} M (Sigma).

2) de l'Acide Borique 10^{-2} M (Sigma).

3) de l'Acide éthylènediamine-tétra-acétique 2.10^{-3} M (Sigma).

4) de l'Azoture de sodium 10^{-4} M (Merck).

Les deux premiers composants maintiennent le pH de la solution à $8,3$. L'acide éthylènediamine-tétra-acétique complexe les ions multivalents et l'azoture de sodium sert à prévenir le développement des bactéries. Ce tampon peut être conservé pendant 2 à 3 mois à 4 $°C$.

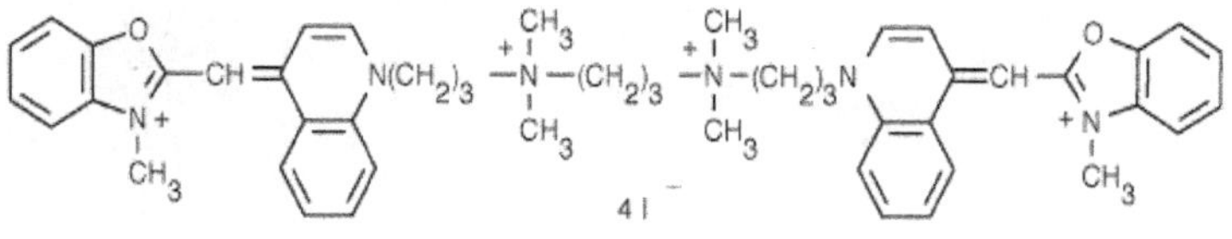

FIG. 1.9 – Structure du YOYO-1.

1.2.3 Marquage au YOYO

Afin de rendre l'ADN visible par fluorescence, il est marqué avec des molécules de YOYO-1 (Molecular Probes). Ce marqueur absorbe à la longueur d'onde 492 nm et émet à celle de 509 nm.

Il a deux avantages principaux [12] :

1. son rendement d'émission est beaucoup plus important (x3200) lorsqu'il est complexé à de l'ADN double brins. Ainsi, les molécules de YOYO restées en solution ne sont pas détectées.
2. le complexe ainsi formé est très stable.

La molécule de YOYO, dont la structure est montrée figure (1.9), s'intercale entre deux bases adjacentes de l'ADN [13]. Jusqu'à des taux de marquage de l'ordre de 1 molécule pour 10 paires de bases, il a été montré que les propriétés dynamiques de l'ADN sont peu affectées [14]. Dans nos expériences, nous avons travaillé à un taux de marquage de 1 pour 50.

1.2.4 Polymères neutres

L'étude de l'électrophorèse de l'ADN en solution polymère a été menée avec des solutions de dextrane qui fait partie de la famille des polysacharides. Sa structure est donnée figure (1.10). Cette molécule est produite par la bactérie *Leuconostoc mesenteroides B* 512. Elle est essentiellement linéaire mais présente quelques points de branchements (5 % [15]). Si nous l'avons choisie pour notre étude, c'est d'une

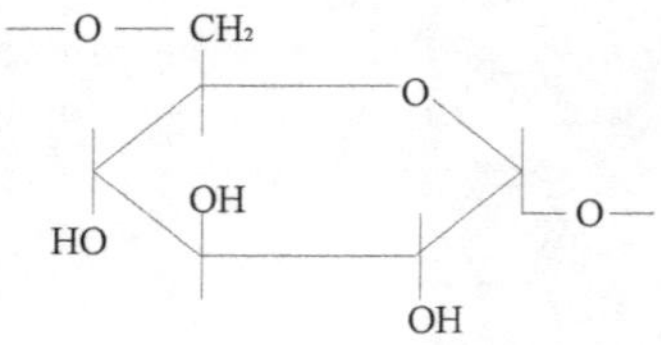

— O — CH_2

O

OH

HO

— O —

OH

FIG. 1.10 – Monomère de la molécule de dextrane.

part du fait de sa faible viscosité [16] et d'autre part parce que nous pouvions nous procurer facilement la même molécule marquée à la fluorescéine. De plus, étant de la même famille que l'agarose, nous étions sûrs qu'il n'y aurait pas d'interaction spécifique avec l'ADN. Le dextrane de masse moléculaire $M_w = 2.10^6$ et son homologue marqué à la fluorescéine proviennent de chez Sigma. Enfin, sa polydispersité est relativement faible (de l'ordre de 1,6).

Nous avons également utilisé des solutions de polydiméthylacrylamide (PDMA) de masse 155.300 pour le recouvrement des parois des capillaires. Ce polymère nous a été donné par J.-C. Galin (ICS, Strasbourg).

1.3 Cellule de mesure : mise au point et limitations

1.3.1 Convection et électro-osmose

Un des premiers problèmes auxquels les physico-chimistes ont été confrontés lorsqu'ils ont voulu pratiquer l'électrophorèse a été la convection thermique, c'est-à-dire les turbulences hydrodynamiques induites par l'établissement d'un gradient de température allant du centre de la cellule vers l'extérieur. C'est pour cette raison que l'on a introduit les gels, qui se sont révélés par la suite également très utiles pour la séparation. L'électrophorèse en solution s'effectue en capillaires dont le rayon typique est 50 μm ce qui a pour effet d'accélérer l'évacuation de la chaleur ainsi que

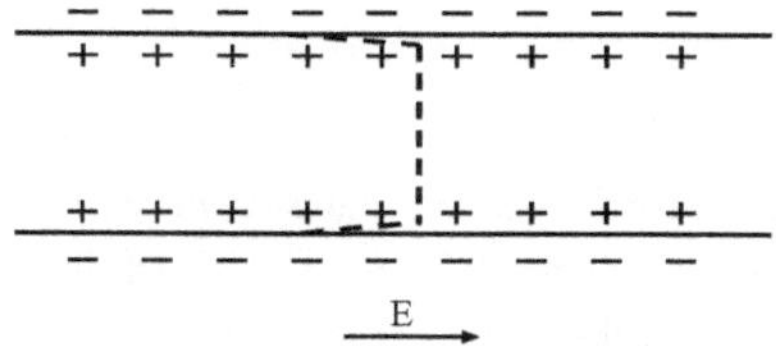

FIG. 1.11 – Flux électro-osmotique dans un capillaire.

d'empêcher la formation de rouleaux de convection. Nous n'avons pu utiliser ce type de capillaire car le volume de mesure était trop petit pour que le signal fluorescent soit détectable correctement avec notre montage expérimental.

L'autre principale difficulté pratique de l'électrophorèse en solution est l'électro-osmose. Les parois des capillaires étant généralement chargées négativement, il y a un excès de contreions près de la surface. Ces charges, situées dans ce qui est appelé la couche de Debye-Hückel, se déplacent dans le champ électrique et, par entraînement hydrodynamique, tout le liquide est mis en mouvement à la vitesse v_{eof} (cf Chap. 2).

Ce flux étant assez important mais constant dans (presque) tout le capillaire (Fig. (1.11)), cela n'a pour effet que de renverser le sens de déplacement de l'ADN. Ainsi, certains expérimentateurs [17] ne cherchent-ils pas à éliminer cet effet ; ils mesurent cette vitesse et la retranchent à la mobilité de l'ADN. On peut également essayer de réduire le flux électro-osmotique par recouvrement des parois du capillaire (ou coating). Plusieurs types de procédure ont donc été testés. Le principe est de rendre la couche de Debye-Hückel très visqueuse et ainsi de ralentir la vitesse des ions qui s'y trouvent. La plus performante, proposée par Hjertén ([18] ; [19]), consiste à faire polymériser des monomères préalablement adsorbés sur les parois du capillaire. Le but de ce recouvrement est également d'empêcher la molécule à séparer d'interagir avec la surface interne du capillaire, ce qui se produit surtout avec des protéines. Afin de s'affranchir de cette procédure assez lourde, il a été proposé d'ajouter au tampon une faible concentration d'un polymère neutre qui aurait une forte affinité avec le verre : c'est le recouvrement dynamique. Plusieurs polymères ont été essayés (PAA, HPC, POE) mais finalement, le PDMA semble être un des plus performants ([16] ; [20] ; [21]). L'électro-osmose n'est pas totalement supprimée avec ce type de recouvrement mais elle est très fortement réduite.

1.3.2 Cellule d'électrophorèse

Lors de la mise au point de la cellule de mesure, nous avons été confrontés à plusieurs problèmes. Initialement, nous voulions utiliser le même type de cellules que celles qui ont été utilisées pour les études d'électrophorèse sur gel, mais avec des dimensions plus petites. Il s'est avéré que mesurer le coefficient de diffusion à champ nul dans ces cuves était quasiment impossible. En fait, lorsque la dimension de la cellule excède le millimètre, le liquide n'est jamais suffisamment stable pour pouvoir effectuer une mesure. La circulation du tampon dans la cellule a un effet dramatique sur les franges et celles-ci se remélangent bien plus rapidement que du fait du seul mouvement brownien.

Pour éliminer cet effet, nous avons fait des mesures dans les mêmes cellules mais en les remplissant d'agarose et en y laissant un puits au centre de moins de 1 mm de large. L'agarose permettait, en outre, de couper les effets convectifs. Nous avons, dans ces conditions, retrouvé les valeurs attendues pour le coefficient de diffusion de l'ADN en solution sans champ. Lorsque nous avons appliqué le champ électrique, les mesures de mobilité donnaient une valeur conforme à celle attendue. Par contre, le coefficient de diffusion augmentait linéairement avec le champ. Nous avons fait plusieurs mesures pour un champ donné en faisant varier le vecteur d'onde $\mathbf{q}$ afin de vérifier la relation (1.5). En fait, D variait également linéairement avec le vecteur d'onde, ce qui traduit un mouvement non-diffusif. Pourtant, le recouvrement des parois ne changeait pas le résultat et les mesures de la mobilité étaient bonnes, ce qui semblait exclure un effet de l'électro-osmose. Nous pensons qu'il s'agissait de recirculation du tampon menant à un profil d'écoulement de type parabolique, ce qui accélérait énormément le mélange entre les franges sombres et claires.

Pour limiter au maximum le problème des flux de recirculation, nous avons opté pour des capillaires en silice fondue (Vitro Dynamics, Wale Apparatus) connectés à deux reservoirs. Nous les avons choisis de section rectangulaire afin de ne pas induire de distorsion dans la figure d'interférence. Leur longueur est de 100 mm et leut section de $0,5\text{x}0,5$ ou $0,8\text{x}0.8$ mm. Du fait des incertitudes sur la distance entre les électrodes, il y une erreur sur le champ appliqué qui est de l'ordre de 4 % à 5 %.

Le gel d'agarose permet d'une part de réduire les mouvements convectifs qui pourraient apparaître et également de minimiser la quantité d'ADN utilisée, le volume des tubes étant de 500 μl. Les électrodes sont en platine et sont fixées sur

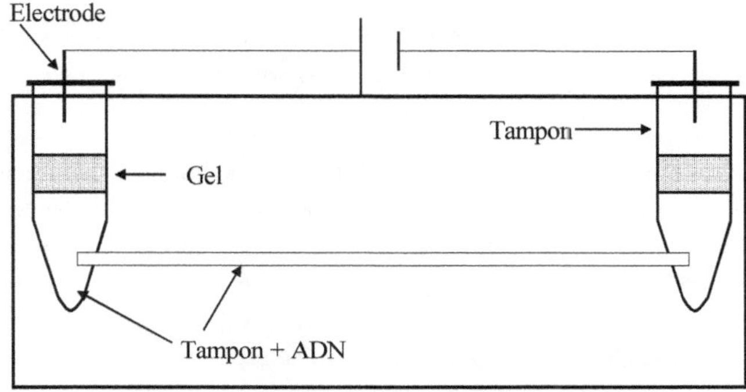

FIG. 1.12 – Schéma de la cellule d'électrophorèse.

les bouchons des tubes. L'ensemble est fixé sur une plaque en matière plastique. Le problème de ce dispositif est qu'il est très difficile de l'aligner horizontalement. De ce fait, on induit une différence de pression qui peut prendre plusieurs heures à totalement s'équilibrer. Le flux résultant mène à un écoulement de type Poiseuille parabolique qui perturbe les franges.

Nous avons vérifié, en effectuant des mesures avec un thermocouple, que jusqu'à des champs de 100 $V.cm^{-1}$ il n'y a pas d'échauffement de la solution pendant des temps correspondant au temps typique d'une mesure à ces champs-là (c'est-à-dire 5 à 10 s.).

Afin d'évaluer l'électro-osmose, nous avons mesuré la vitesse à laquelle des molécules de dextrane neutres $M_w = 2.10^6$ marquées à la fluorescéine (Sigma) étaient entraînées pour des champs électriques jusqu'à 20 $V.cm^{-1}$ (cf Chap. 4). Dans une solution à la concentration de 0.001 $\%(w/w)$, on mesure un flux d'environ $\mu_{eof} = 0,2$ $cm^2.V^{-1}.s^{-1}$. Cette valeur de μ_{eof} est en accord avec celle donnée par Madabhushi [22].

1.3.3 Sortie de franges

Lors d'une mesure de FRAP sous champ électrique, il y a deux facteurs qui contribuent à la diminution de l'intensité de fluorescence [3] :

1. la diffusion qui se traduit par une décroissance exponentielle.
2. la sortie des franges échantillons de la zone de lecture qui se traduit par une décroissance gaussienne du fait de la forme du faisceau laser.

Alors que la diffusion varie avec q^2, la sortie de frange varie linéairement avec q. Pour s'assurer que l'on mesure bien le processus de diffusion, on fait varier le vecteur d'onde et on vérifie que l'on a bien une dépendance quadratique. Ainsi, dans les gels d'agarose, Tinland [3] a montré que, dans les conditions classiques d'électrophorèse sur gel, il suffit de choisir $q \geqslant 2000\ cm^{-1}$. Cette valeur dépend du rapport des temps τ et T. Pour l'électrophorèse en solution, ce rapport est relativement différent et, finalement, la gamme de valeurs de vecteurs d'onde possibles pour un champ donné est bien plus restreinte.

Notons N_f le nombre de franges total, n_f le nombre de franges qui sortent de la zone de lecture et d le diamètre du faisceau. On a alors les relations suivantes :

$$N_f = \frac{d}{i} \tag{1.9}$$

$$n_f = \frac{vt}{i} = \frac{\mu E t_m}{i} \tag{1.10}$$

où t_m est le temps mis pour que le signal tombe à zéro et est donné par :

$$\left(\frac{i}{2}\right)^2 = 2Dt_m \tag{1.11}$$

Avec les relations (1.7) et (1.5), on obtient finalement :

$$\frac{n_f}{N_f} = \frac{\pi^2}{2} \cdot \frac{\mu E}{Dq^2 d} = \frac{\pi^3}{qd} \cdot \frac{\tau}{T} \tag{1.12}$$

D'autre part, la probabilité d'appartenir à la zone de lecture et aux franges échantillon est donnée par [3] :

$$\frac{P(t_m)}{P_0} = e^{-\frac{1}{2}\left(\frac{n}{N}\right)^2} \tag{1.13}$$

On peut ainsi déterminer les valeurs possibles du vecteur d'onde pour mesurer D pour un champ donné. La figure représente $P(t_m)/P_0$ pour différentes valeurs de $\mathbf{q}$ en fonction du champ électrique à partir des valeurs du coefficient de diffusion et de la mobilité électrophorétique de l'ADN $4,7\ kbp$.

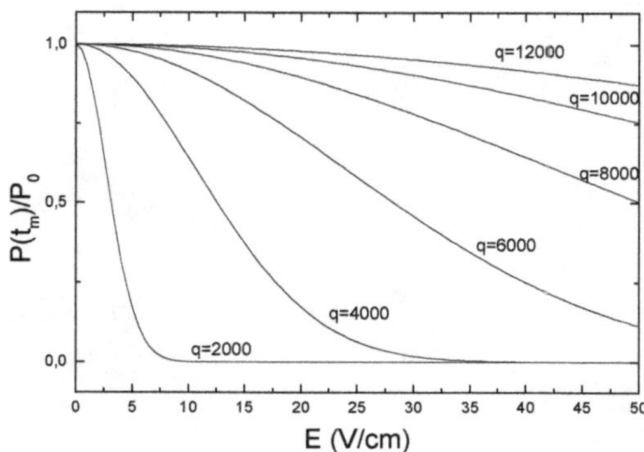

FIG. 1.13 – Probabilité d'appartenance à la zone de lecture et aux franges échantillon pour l'ADN 4,7 kbp.

D'autre part, on ne peut pas augmenter indéfiniment le vecteur d'onde dans la mesure où, non seulement les temps deviendraient trop rapides pour être mesurés correctement, mais en plus on risquerait de sortir du domaine de Guinier défini par $qR_g < 1$. Dans cette gamme de valeurs de $\mathbf{q}$, on ne mesure plus le coefficient de diffusion des chaînes mais la dynamique des segments qui les composent.

Ces différentes limitations font que, pour mesurer correctement le coefficient de diffusion sous champ électrique, on ne peut pas appliquer des champs supérieurs à 10 $V.cm^{-1}$ pour les petites masses et moins pour les plus grandes ($\leq 5\ V.cm^{-1}$).

Chapitre 2

Electrophorèse en solution pure

2.1 Electrophorèse d'une particule chargée en solution

2.1.1 Mobilité électrophorétique

La grandeur centrale que l'on considère ici est la mobilité électrophorétique définie par la relation suivante :

$$\mathbf{V}=\mu.\mathbf{E} \tag{2.1}$$

où **V** est la vitesse de la particule chargée et **E** le champ électrique appliqué. Notons que cette définition diffère de la définition habituelle de la mobilité :

$$\mathbf{V} = \mu.\mathbf{F} \tag{2.2}$$

où **F** représente la force appliquée sur la particule.

L'équation (2.1) résume la difficulté de l'électrophorèse : le couplage entre hydrodynamique et électrostatique. En effet, le nuage de contreions provenant du solvant qui entoure la particule va, sous l'effet du champ électrique, se mettre en mouvement dans la direction opposée. Nous verrons plus loin que ce couplage rend la mobilité électrophorétique indépendante de la taille des molécules d'ADN (ou de tout autre polyélectrolyte). Déterminer une expression analytique générale de la mobilité pour différents milieux et différentes géométries de particules est donc l'un des défis essentiels à relever pour les théoriciens.

2.1.2 Electro-osmose

Considérons une surface chargée en contact avec une solution saline. D'après la théorie de Debye-Hückel, la charge de la surface est écrantée au-delà de la distance κ^{-1},appelée longueur de Debye-Hückel. Elle est définie par :

$$\kappa^{-1} = \left(\frac{\varepsilon_r \varepsilon_0 k_B T}{e^2 I}\right)^{1/2} \tag{2.3}$$

où ε_r et ε_0 sont respectivement les constantes diélectriques du milieu et du vide, k_B la constante de Boltzmann, T la température, e la charge élémentaire et $I = \sum_i z_i^2 n_i$ la force ionique, avec z_i et n_i la valence et la densité des ions de l'espèce i. La taille typique de cette zone où les contreions sont en excès est de l'ordre de 1 nm.

Quand on applique un champ électrique parallèlement à la surface, les ions de la solution se mettent en mouvement. Mais ceux situés à une distance inférieure à κ^{-1}de la surface sont également soumis à l'attraction du potentiel de surface. Le champ de vitesse des contreions de cette région est alors déterminé par l'équation de Poisson et l'équation de Stokes. Si x est la distance à la surface, alors le champ de vitesse $\mathbf{V}(x)$ est donné par :

$$\mathbf{V}(x) = \frac{\varepsilon_r \varepsilon_0 \phi}{\eta_s}(e^{-\kappa x} - 1)\mathbf{E} \tag{2.4}$$

Au-delà de la longueur de Debye-Hückel, tout le fluide est entraîné à la vitesse -$\frac{\varepsilon_r \varepsilon_0 \phi}{\eta}$E. ϕ est le potentiel électrostatique au niveau du plan de glissement entre la surface et le liquide et η_s la viscosité du solvant.

2.1.3 Cas d'une sphère chargée

Considérons une particule de taille R et de charge Q. Dès 1921, Smoluchowski [23] proposa que, dans le cas où $\kappa R \gg 1$, le problème se ramène à celui à celui de l'électro-osmose, c'est-à-dire :

$$\mu = \frac{\varepsilon_r \varepsilon_0}{\eta_s}\phi \tag{2.5}$$

Ainsi, la mobilité est dans ce cas indépendante de la taille de la particule. Ce cas étant le plus courant, ceci explique le fait que, généralement, les particules chargées se déplacent toutes à la même vitesse en solution. Ce résultat se généralise à n'importe quelle forme de particule tant que sa taille reste bien supérieure à la couche de

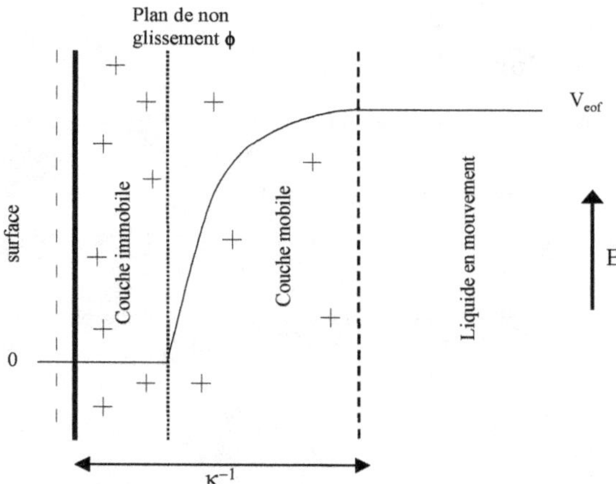

FIG. 2.1 – Représentation schématique de l'électro-osmose due à une surface charg ée. Les symboles (+) et (-) représentent les excès de charge.

Debye-Hückel [24]. Ainsi, le champ de vitesse créé par la particule décroit en $e^{-\kappa r}$ au lieu de r^{-1} dans le cas de la traînée de Stokes.

Pour le cas $\kappa R \ll 1$, la densité en contre-ions autour de la particule est très faible et donc, celle-ci se comporte comme une particule chargée entourée de solvant neutre. En écrivant l'équilibre entre force de friction et force électrique, on trouve l'expression suivante pour la mobilité électrophorétique([25] ; [26]) :

$$\mu = \frac{V}{E} = \frac{Q}{6\pi\eta_s R} = \frac{2}{3}\frac{\sigma R}{\eta_s} \tag{2.6}$$

où σ est la densité de charge surfacique de la particule.

2.1.4 Cas d'un cylindre

La mobilité d'un cylindre peut être décomposée en deux contributions : l'une provenant de la mobilité du cylindre lorsqu'il est orienté parallèlement au champ et l'autre lorsqu'il est parallèle au champ [27] :

$$\mu = \frac{1}{3}(\mu_{//} + 2\mu_{\perp}) \tag{2.7}$$

La mobilité parallèle au champ électrique est donnée par la relation de Smoluchowski (2.5) :

$$\mu_{//} = \frac{\varepsilon_r \varepsilon_0}{\eta_s}\phi \tag{2.8}$$

Pour la mobilité perpendiculaire, ce résultat n'est plus valable. Stigter a résolu ce problème numériquement :

$$\mu_{\perp} = \alpha \frac{\varepsilon_r \varepsilon_0}{\eta_s}\phi \tag{2.9}$$

où α est un coefficient qui dépend de ϕ, de κ^{-1} et du diamètre du cylindre.

2.2 Polyélectrolytes en solution

2.2.1 Dynamique des polymères en solution

Avant de voir le cas des polyélectrolytes, rappelons brièvement les bases de la dynamique des polymères en solution, développées, par exemple, dans le livre de Doi et Edwards [28].

On considère un polymère neutre vu comme un ensemble de N billes jointes. Chaque bille est repérée par sa position $\mathbf{R}_n$. L'équation de Langevin pour cet ensemble de particules liées est :

$$\frac{\partial}{\partial t}\mathbf{R}_n(t) = \sum_m H_{nm}(-\frac{\partial}{\partial \mathbf{R}_m}U + \mathbf{f}_m(t)) + \frac{1}{2}k_BT\sum_m \frac{\partial}{\partial \mathbf{R}_m}H_{nm} \tag{2.10}$$

où U est le potentiel d'interaction, $\mathbf{f}_m$ la force aléatoire sur la bille m et $\mathbf{H}$ est le tenseur d'Oseen. Les termes diagonaux de ce tenseur sont tous $\frac{1}{\zeta}$, ζ étant la friction exercée sur une bille ; les termes non diagonaux traduisent le couplage hydrodynamique entre les différentes billes, c'est-à-dire que chacune d'elles est sensible aux champs de vitesse créés par le déplacement des autres. Le fait de tenir compte ou non des termes non diagonaux donne deux résultats différents :

Modèle de Rouse

Dans ce modèle, on ne tient pas compte des interactions hydrodynamiques. En résolvant l'équation de Langevin, on peut déduire l'expression du coefficient de diffusion de la chaîne :

$$D = \frac{k_BT}{N\zeta} \tag{2.11}$$

Tout se passe comme si chaque bille ressentait la friction du solvant. Autrement dit, celui-ci coule librement à travers la pelote : on est dans un régime dit de *free-draining.*

Modèle de Zimm

Lorsque les interactions hydrodynamiques sont prises en compte, la résolution de l'équation de Langevin est plus complexe ; on obtient le résultat suivant :

$$D \backsim \frac{k_BT}{\eta_s R_g} \tag{2.12}$$

La chaîne se comporte comme une sphère rigide imperméable au solvant. Ce dernier, à l'intérieur de la pelote, se déplace à la même vitesse que le polymère : on est dans un régime dit de *non free-draining.*

2.2.2 Polyélectrolytes

En ce qui concerne la statique, ajouter les charges a pour effet de modifier la longueur de persistance de la chaîne. Par contre, en ce qui concerne la dynamique, la présence des contre-ions modifie fortement le comportement de la molécule. Comme nous l'avons déjà signalé, le champ de vitesse créé par une particule chargée est écranté. Ainsi, celui créé par un segment de la chaîne décroît exponentiellement sur la distance κ^{-1}. La distance entre les segments étant plus grande que la longueur de Debye-Hückel, ils ne se voient pas et se déplacent tous à la même vitesse. Par conséquent, la mobilité d'un polyélectrolyte est indépendante de sa taille, ce qui rend toute séparation impossible, comme Olivera et al. [29] l'ont vérifié expérimentalement. Cette mobilité limite en solution est donc donnée par la mobilité d'un segment de Kuhn du polyélectrolyte qui est le rapport de sa charge q_k par sa friction ζ_k :

$$\mu_0 = \frac{q_k}{\zeta_k} \tag{2.13}$$

Cependant, cette dernière relation n'est pas rigoureuse comme l'ont montré Long et al. ([2] ; [30]) car elle s'appuie sur une description locale où chaque segment de Kuhn est soumis à la force électrique $q_k\mathbf{E}$ et à sa friction $\zeta_k\mu_0\mathbf{E}$. Ceci n'est valable que si le fluide environnant est au repos au-delà de la longueur de Debye-Hückel. Afin de prendre en compte le mouvement du polyélectrolyte et de son environnement, ils ont proposé une description générale pour un polyélectrolyte soumis à un champ électrique $\mathbf{E}$ et à une force non-électrique $\mathbf{F}$ en linéarisant les équations électro-hydrodynamiques. Ainsi la vitesse du système est obtenue par superposition des cas $F = 0$ et $E = 0$:

$$F - \vartheta(V - \mu_0 E) = 0 \tag{2.14}$$

où ϑ est la friction totale. Alors que dans la représentation de force locale la force pour arrêter le polyélectrolyte ($V = 0$) est $Q_{eff}E \sim N$ où Q_{eff} est la charge efficace de la molécule, l'équation (2.14) prédit, pour des champs suffisamment faibles pour ne pas déformer la molécule :

$$F_0 = \vartheta\mu_0 E \simeq \eta R_g \mu_0 E \tag{2.15}$$

qui est donc proportionnelle à N^ν, ν étant l'exposant de Flory.

On peut trouver une expression de la mobilité électrophorétique d'un polyélectrolyte en solution établie par Barrat et Joanny dans [31].

2.3 Position du problème

En l'absence de force extérieure, le coefficient de diffusion d'un polymère gaussien doit obéir à l'équation de Zimm. On a donc une variation $D \sim R_g^{-1} \sim N^{-1/2}$. Dans le cadre d'une expérience de sédimentation par exemple, la mobilité de la molécule est reliée à son coefficient de diffusion par la relation de Nernst-Einstein :

$$D_s = \mu_s k_B T \tag{2.16}$$

qui est une conséquence du théorème Fluctuation-Dissipation. Par analogie, il est souvent écrit une relation du même type dans le cadre de l'électrophorèse :

$$D = \frac{\mu k_B T}{Q_{eff}} \tag{2.17}$$

L'équation (2.17) mène alors à la conclusion que D varie avec N^{-1}. Or, le fait d'appliquer un champ électrique, tant qu'il est suffisamment faible pour ne pas perturber la conformation de la molécule, ne doit introduire qu'une translation "en bloc" de la chaîne ; ainsi, le coefficient de diffusion ne doit pas être modifié par l'application du champ. La conclusion qui s'impose alors est que la relation de Nernst-Einstein n'est pas valable dans le cadre d'une expérience d'électrophorèse. Nous avons voulu apporter une preuve expérimentale de ce résultat, ce qui, à notre connaissance, n'avait pas encore été fait. Les techniques de séparation en solution pure comme l'ELFSE se développant, il paraît important de clarifier ce point afin de ne pas être amené à de fausses conclusions.

Peu de mesures de la mobilité de l'ADN double brins en solution avaient été effectuées dans des conditions proches de celles de que l'on a en électrophorèse. En fait, on considérait que cette valeur limite μ_0 pouvait être déterminée par l'extrapolation à concentration en gel nulle de la mobilité de l'ADN [32]. Cependant, les valeurs trouvées dépendaient de la masse [33] et présentaient une forte dispersité. Tinland et al. [34] l'ont mesurée par une méthode directe et ont trouvé la valeur de $3,2.10^{-4}$ $cm^2.s^{-1}$. En 1997, Stellwagen et al. [35] ont effectué des mesures dans différentes solutions tampon en capillaire et ont donné la valeur de $4,5.10^{-4}$ $cm^2.s^{-1}$ dans le TBE. Alors que l'électrophorèse en gel et en solution est très largement étudiée et utilisée, il n'y a pas beaucoup de données expérimentales sur les grandeurs "intrinsèques" que sont la mobilité et le coefficient de diffusion en solution pure.

Les mesures que nous avons effectuées nous ont, en outre, permis de déterminer les conditions expérimentales limites dans lesquelles il fallait se placer pour pouvoir simultanément obtenir le coefficient de diffusion et la mobilité électrophorétique de

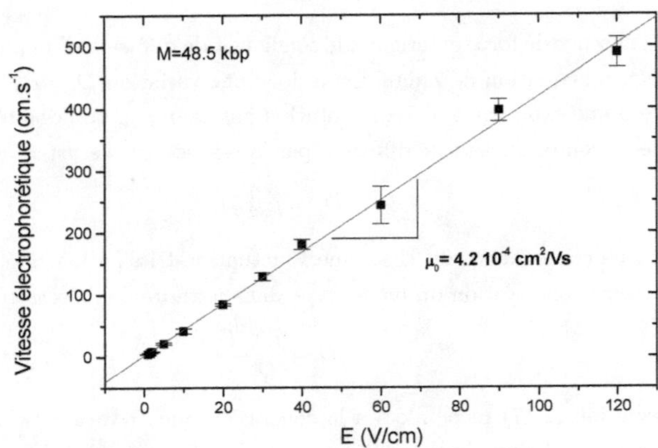

FIG. 2.2 – Vitesse électrophorétique de l'ADN λ en fonction du champ électrique. La pente donne la mobilité.

l'ADN. Nous avons utilisé les 7 fragments d'ADN double brins dont les caractéristiques sont données dans le tableau (2.1), balayant ainsi une gamme de masses moléculaires couvrant une décade et demie.

2.4 Résultats et commentaires

Les mesures présentées ici ont été réalisées avec de l'ADN double brins. Des mesures similaires en capillaire sur de l'ADN simple brin ont été menées par le groupe de Gary Slater (Université d'Ottawa) avec une autre méthode. L'ensemble de ces résultats a donné lieu à une publication dans *Electrophoresis, 22 (2001)* [36].

2.4.1 Mobilité électrophorétique

Les figures (2.2) montrent la variation de la vitesse électrophorétique en fonction du champ électrique (de $0,5$ à 120 $V.cm^{-1}$) pour l'ADN λ.

Pour toute cette gamme de champs, la mobilité reste bien constante et égale à $4,2.10^{-4}$ $cm^2.V^{-1}.s^{-1}$. Malgré la taille assez grande de nos capillaires, les mesures

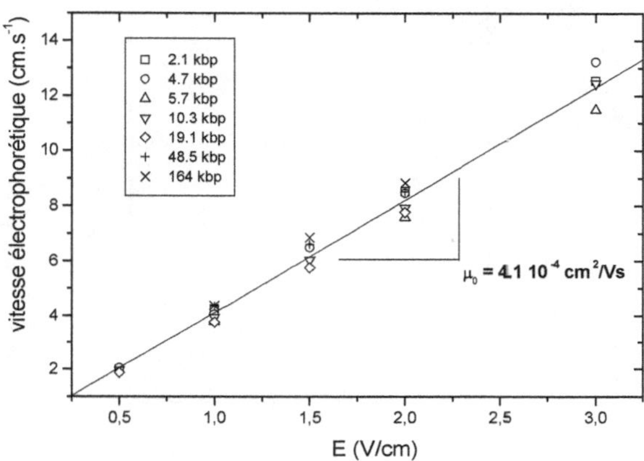

FIG. 2.3 – Vitesse électrophorétique pour différentes masses d'ADN en fonction du champ.

à 120 $V.cm^{-1}$ ne sont pas perturbées. Comme la méthode de FRAP permet de travailler sur des déplacements microscopiques, la durée des expériences devient très courte à ces champs élevés, empêchant ainsi une grande accumulation de chaleur dans l'échantillon.

Sur la figure (2.3), nous montrons la variation de la vitesse électrophorétique pour différentes masses en fonction du champ. Ces mesures ayant également pour but de déterminer le coefficient de diffusion, le champ électrique est limité à 3 $V.cm^{-1}$.

La valeur moyenne sur l'ensemble des masses est de $(4,1\pm0,4).10^{-4}$ $cm^2.V^{-1}.s^{-1}$ Si l'on ajoute à cette valeur l'électro-osmose résiduelle que nous avons mesurée (cf Chap. 4) à $0,2.10^{-4}$ $cm^2.V^{-1}s^{-1}$, cette valeur est en bon accord avec celles données par Stellwagen [35] et Heller [1].

2.4.2 Coefficient de diffusion

Les résultats de la figure (2.4) montrent clairement que le coefficient de diffusion est indépendant du champ électrique.

Les petites variations observées ne reflètent pas un comportement systématique

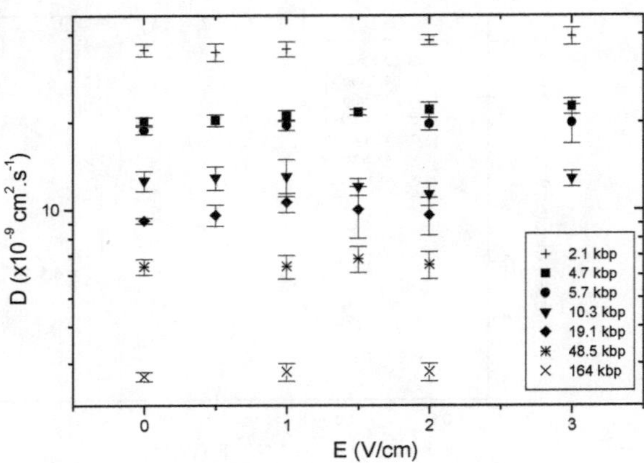

FIG. 2.4 – Coefficient de diffusion de plusieurs fragments ADN en fonction du champ.

avec E ; elles sont comprises dans les barres d'erreur qui, pour chaque masse, se recouvrent. Pour ces champs, nous avons vérifié que nous mesurions bien le coefficient de diffusion. Sur la figure (2.5), on peut voir que le temps de relaxation varie bien en q^{-2} et que, pour les valeurs du vecteur d'onde choisies pour l'ADN 5, 7 *kbp*, cette dépendance diminue pour $E = 4\ V.cm^{-1}$ où la pente est de $-1,7$.Les mêmes mesures que celles de la figure (2.4) sont représentées figure(2.6).

La pente est de $-0,57$, ce qui est plus proche de l'exposant $3/5$ que l'on doit avoir pour une chaîne gonflée par des interactions de volume exclu que de l'exposant $1/2$ prévu pour les pelotes gaussiennes. En fait, les fragments d'ADN utilisés ont des tailles qui varient de 7 longueurs de Kuhn à 558. Si on regarde la figure (2.6) de plus près, on voit que l'on pourrait extraire deux zones :

1) pour les tailles inférieures à 10, 3 *kbp* avec une pente de 0, 7 traduisant la rigidité.

2) pour les tailles supérieures à 10, 3 *kbp* avec une pente légèrement supérieure à 0, 5 traduisant des effets de volume exclu.

Il n'est donc pas étonnant que l'on trouve cet exposant moyen supérieur à 0, 5. Par mesure de microscopie à fluorescence, Smith et al. [37] ont obtenu pour une gamme de masses équivalente (4360 à 309000 *bp*) mais à champ nul un exposant de

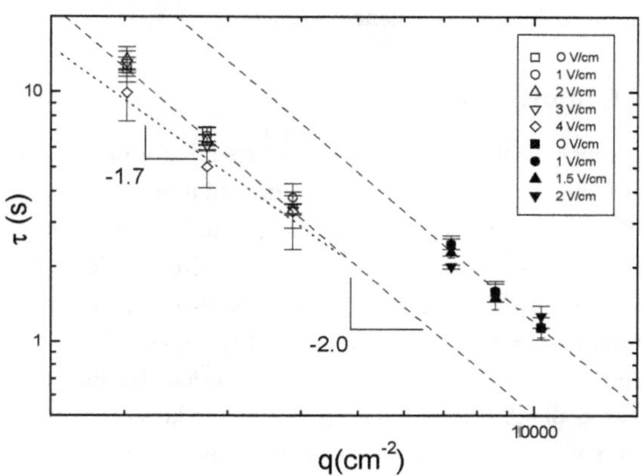

FIG. 2.5 – Dépendance du temps de relaxation en fonction du vecteur d'onde pour de l'ADN 5,7 *kbp* (symboles ouverts) et de l'ADN 48,5 *kbp* (symboles pleins).

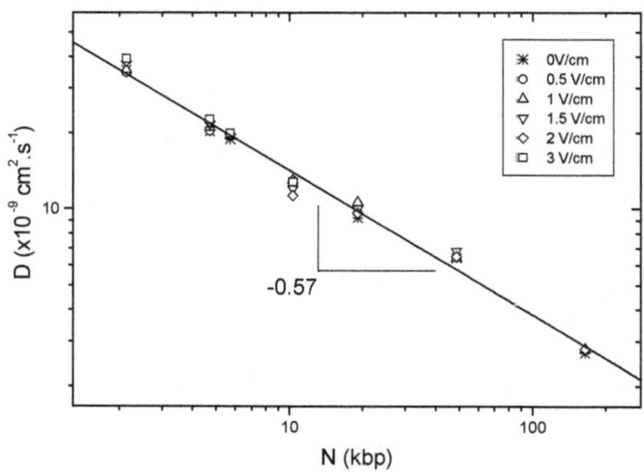

FIG. 2.6 – Variation du coefficient de diffusion en fonction de la taille.

$0,61$. Sorlie et Pecora [38] ont déterminé pour des petits fragments (367 à 2311 *bp*) par diffusion de lumière la valeur de $0,68$.

2.4.3 Conclusion

La mobilité électrophorétique est indépendante de la masse de l'ADN (et du champ électrique) et le coefficient de diffusion suit le modèle de Zimm à savoir $D \sim N^{0.57}$ avec des effets de volume exclu pour les plus grandes masses et des effets de rigidité pour les plus petites. La relation de Nernst-Einstein n'est pas valide dans le cadre de l'électrophorèse et ce sont les contre-ions qui en sont responsables. En fait, les interactions hydrodynamiques sont écrantées pour la mobilité mais pas pour la diffusion. Celle-ci n'étant que la manifestation des fluctuations thermiques, elle ne doit pas dépendre de la force appliquée sur la molécule tant que cette dernière ne modifie pas sa conformation ou sa structure interne. La friction appliquée sur la molécule dépend dans ce cas de tout le fluide. La mobilité électrophorétique, par contre, puisque la friction du solvant est dissipée dans la couche de contre-ions, est dépendante des effets électrostatiques. Dans le cas d'un mouvement dû à une force électrique, il n'y a pas d'interaction entre le fluide et la molécule sur une distance supérieure à la longueur de Debye-Hückel. Pour résumer, on peut dire que seul le mouvement dû au champ électrique est affecté par l'écrantage des charges électriques.

Chapitre 3

Electrophorèse en solution de polymères

Comme nous l'avons rappelé précédemment, la mobilité électrophorétique de l'ADN ne dépend pas de sa taille. Le but étant de séparer les molécules d'ADN par séquence (et donc par taille), des milieux permettant la séparation ont été trouvés. Les premiers ont été les solutions polymères et les gels, dans le but de former un "tamis" qui laisserait plus facilement passer les petites molécules que les grosses. Récemment, d'autres techniques on étés développées : la "bouée électrophorétique", l'électrophorèse 2D, ... Nous allons, dans les deux parties suivantes, présenter l'électrophorèse sur gel puis l'électrophorèse en solution. Il est intéressant de rappeler les modèles de reptation utilisés pour les gels dans la mesure où, d'une part, ce sont des modèles qui prédisent bien les résultats expérimentaux observés et, d'autre part, les solutions de polymères semi-diluées pouvant être dans une première approche assimilées à des gels, ils constituent, a priori, le point de départ pour comprendre les mécanismes de l'électrophorèse dans ces solutions.

3.1 Electrophorèse sur gel : rappels

3.1.1 Généralités

Utilisée depuis longtemps, cette technique a été un des principaux acteurs du développement de la génétique depuis les années 80. C'est aussi à cette période que la compréhension des mécanismes et le développement de modèles théoriques ont débuté. La première idée avait été d'utiliser les gels comme tamis tridimensionnels :

ainsi, les petites molécules passeraient plus facilement que les grosses. Rodbar et Chrambach [39] ont déterminé une équation basée sur les travaux d'Ogston (d'où le nom de modèle d'Ogston) [40]. En fait, ce modèle s'est révélé rapidement insuffisant. Pour les molécules dont le rayon de giration est inférieur à la taille moyenne des pores, Slater et al. [41] ont montré que ce modèle surestimait la mobilité. En ce qui concerne les molécules plus grandes que les pores du gel, les mesures expérimentales de leur mobilité contredisaient le modèle : les chaînes traversaient le gel beaucoup plus facilement que prévu et la mobilité atteignait une valeur limite au-delà d'une certaine taille. On s'aperçut que les molécules s'étiraient pour passer dans des pores a priori trop petits pour elles. Ce n'est qu'après l'introducion du modèle de reptation par de Gennes [42] que les premiers modèles satisfaisants apparurent. C'est en effet en utilisant les principes de la reptation que Lerman et Frisch [43] et Lumpkin et Zimm [44] purent expliquer que la mobilité électrophorétique était inversement proportionnelle à la taille des molécules. Puis Lumpkin, Déjardin et Zimm [45] d'une part et Slater et Noolandi ([46] ; [47] ; [48]) d'autre part, par des approches différentes aboutirent à l'expression suivante :

$$\mu = \mu_0 \left(\frac{A}{N_g} + BE^2 \right) \tag{3.1}$$

A et B étant des paramètres, μ_0 est la mobilité en solution et N_g le nombre de pores du gel occupés par la chaîne.

Le modèle de Slater donne en plus le coefficient de diffusion des molécules sous champ électrique et explique le phénomène d'inversion de bande, à savoir qu'il y a un minimum de mobilité pour une taille critique. Ces deux théories forment ce qu'on appelle le Biased Reptation Model (BRM), ou reptation biaisée (par le champ électrique).

Finalement, Duke, Viovy et Séménov ([49] ; [50] ; [51]) proposèrent de tenir compte des fluctuations de la longueur du tube de reptation lors de la migation de la chaîne : c'est le modèle dit du BRF, ou Biased Reptation with Fluctuations, qui prédit que le deuxième terme de la relation (3.1) doit être linéaire en E, ce qui est vérifié expérimentalement [4].

3.1.2 Modèle de reptation biaisée incluant les fluctuations

Les expressions sont détaillées dans l'Annexe 1. On considère que le polyélectrolyte "repte" à travers les pores du gel : il est contraint dans un tube formé par les fibres du gel et ne peut en sortir que par ses extrémités. La taille typique des

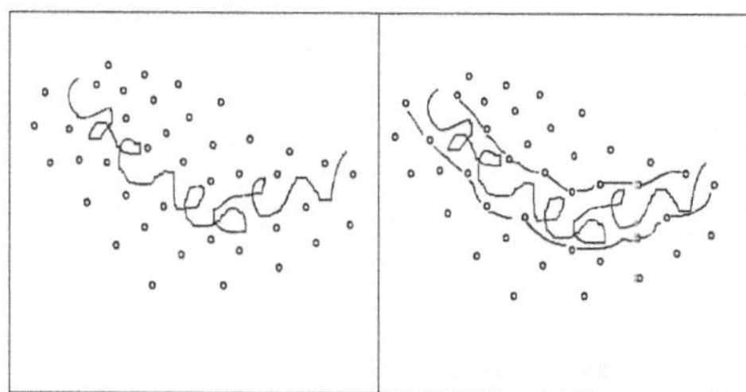

FIG. 3.1 – Représentation d'une chaîne d'ADN dans un gel et de son tube de reptation.

pores a étant de plusieurs centaines de nanomètres [11], on se place dans le cas où $a > R_g > b$. Tout mouvement latéral est exclu ($\varepsilon_k \ll (a/b)^{-2}$, où ε_k mesure l'importance du champ appliqué par rapport à l'énergie thermique). Pour les faibles champs et/ou petites masses, on retrouve les résultats de la reptation classique. Pour les champs et/ou masses intermédiaires, le transport par diffusion domine encore le déplacement des chaînes dû au champ électrique et la mobilité dépend de la masse. Enfin, pour les champs forts et/ou grandes masses, les chaînes s'orientent et s'étirent et la mobilité devient indépendante de la masse.

Cas $a > b$

Les prédictions du modèle pour la variation de la mobilité et du coefficient de diffusion avec le champ électrique et le nombre de segments de Kuhn dans la cas où la taille des pores est supérieure à la taille de l'ADN sont les suivantes :

$$N_k < N_k^{**}, \qquad \frac{D}{D_k} \backsim N_k^{-2}\left(\frac{a}{b}\right)^3 \tag{3.2a}$$

$$N_k^{**} < N_k < N_k^{*}, \quad \frac{\mu}{\mu_0} \backsim N_k^{-1}\left(\frac{a}{b}\right)^2 \quad \frac{D}{D_k} \backsim N_k^{-1/2}\varepsilon_k\left(\frac{a}{b}\right)^2 \tag{3.2b}$$

$$N_k^{*} < N_k \qquad \frac{\mu}{\mu_0} \backsim \varepsilon_k\left(\frac{a}{b}\right)^2 \quad \frac{D}{D_k} \backsim \varepsilon_k^{3/2}\left(\frac{a}{b}\right)^2 \tag{3.2c}$$

où $\varepsilon_k = \frac{\eta_s \mu_0 E b^2}{2 k_B T}$ est le champ réduit et $D_k = k_B T / \zeta_k$ est le coefficient de diffusion d'un segment de Kuhn. Les changements de régime ont lieu pour $N_k^* \backsim \varepsilon_k^{-1}$ et $N_k^{**} \backsim \varepsilon_k^{-2/3} \left(\frac{a}{b}\right)^{2/3}$.

Cas $a < b$

Dans le cas des gels serrés, Séménov et al. [51] ont également calculé la mobilité de l'ADN.

Pour $N_k < N_k^*$

$$\frac{\mu}{\mu_0} \sim \frac{1}{N_k} \tag{3.3}$$

Pour $N_k > N_k^*$

$$\frac{\mu}{\mu_0} \sim \left(\frac{a}{b}\right)^{3/2} \varepsilon_k \quad \textit{pour} \quad N_k > \left(\frac{a}{b}\right)^{-3} \tag{3.4a}$$

$$\frac{\mu}{\mu_0} \sim \left(\frac{a}{b}\right)^{12/5} \varepsilon_k^{2/5} \quad \textit{pour} \quad \left(\frac{a}{b}\right)^{-3} > N_k > \left(\frac{a}{b}\right)^{-2} \tag{3.4b}$$

$$\frac{\mu}{\mu_0} \sim \left(\frac{a}{b}\right)^{4} \varepsilon_k^{2} \quad \textit{pour} \quad \left(\frac{a}{b}\right)^{-2} > N_k \tag{3.4c}$$

où la valeur de N_k^* dépend de ε_k et de N_k ce qui donne les 3 sous-régimes suivants :

$$N_k^* \sim \left(\frac{a}{b}\right)^{-3/2} \varepsilon_k^{-1} \quad \textit{pour} \quad N_k > \left(\frac{a}{b}\right)^{-3} \tag{3.5a}$$

$$N_k^* \sim \left(\frac{a}{b}\right)^{-12/5} \varepsilon_k^{-2/5} \quad \textit{pour} \quad \left(\frac{a}{b}\right)^{-3} > N_k > \left(\frac{a}{b}\right)^{-2} \tag{3.5b}$$

$$N_k^* \sim \left(\frac{a}{b}\right)^{-4} \varepsilon_k^{-2} \quad \textit{pour} \quad \left(\frac{a}{b}\right)^{-2} > N_k \tag{3.5c}$$

A partir de ces différents régimes de mobilité en gels serrés, nous avons déterminé, en vue de les comparer avec nos résultats expérimentaux, les lois d'échelle du coefficient de diffusion :

$$\frac{D}{D_k} \backsim N_k^{-2}\left(\frac{a}{b}\right)^3 \qquad \text{pour } N_K < N_k^{**} \tag{3.6a}$$

$$\frac{D}{D_k} \backsim N_k^{-1/2}\varepsilon_k\left(\frac{a}{b}\right) \qquad \text{pour } N_k^{**} < N_k < N_k^{*} \tag{3.6b}$$

$$\frac{D}{D_k} \sim \varepsilon_k^{3/2}\left(\frac{a}{b}\right)^{7/4} \qquad \text{pour } N_k > N_k^{*} \sim \left(\frac{a}{b}\right)^{-3/2}\varepsilon_k^{-1} \tag{3.6c}$$

$$\frac{D}{D_k} \sim \varepsilon_k^{6/5}\left(\frac{a}{b}\right)^{11/5} \qquad \text{pour } N_k > N_k^{*} \sim \left(\frac{a}{b}\right)^{-12/5}\varepsilon_k^{-2/5} \tag{3.6d}$$

$$\frac{D}{D_k} \sim \varepsilon_k^{2}\left(\frac{a}{b}\right)^{3} \qquad \text{pour } N_k > N_k^{*} \sim \left(\frac{a}{b}\right)^{-4}\varepsilon_k^{-2} \tag{3.6e}$$

où $N_k^{**} \sim \varepsilon_k^{-2/3}\left(\frac{a}{b}\right)^{4/3}$.

3.2 Eléments de la théorie des solutions de polymères

Nous allons maintenant rappeler les paramètres usuels des solution polymères semi-diluées. Notons C la concentration de la solution, η sa viscosité, η_s la viscosité du solvant, R_{pol} le rayon de giration du polymère, M_w sa masse molaire, m_{pol} la masse d'un monomère et $N_{pol} = M_w/m_{pol}$ son degré de polymérisation. A partir de ces grandeurs, on peut déterminer les principales caractéristiques statiques et dynamiques de la solution (voir par exemple Cottet et al. [52]).

Viscosité, rayon de giration et concentration de recouvrement

On définit la viscosité intrinsèque d'une solution par [53] :

$$[\eta] = \lim_{C=0} \frac{\eta - \eta_s}{\eta_s C} \backsimeq 6,2.R_{pol}^3.\frac{N_a}{M_w} \tag{3.7}$$

Une manière simple d'évaluer cette grandeur est d'utiliser la relation empirique de Mark-Houwink :

$$[\eta] = KM_w^{\alpha} \tag{3.8}$$

Les constantes K et a ont été déterminées expérimentalement pour un grand nombre de polymères dans différentes gammes de masses. D'après la relation (3.7), l'exposant α varie de $0,5$ pour une chaîne gaussienne à $0,8$ quand on prend en compte les

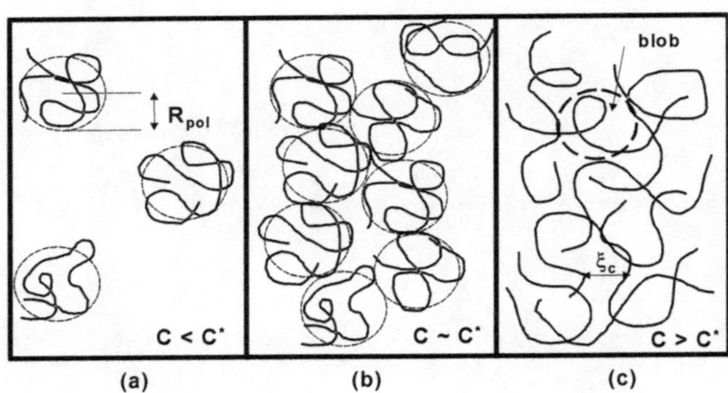

FIG. 3.2 – Représentation d'une solution (a) diluée (b) au seuil de recouvrement (c) semi-diluée.

interactions de volume exclu en bon solvant. Connaissant $[\eta]$, on peut en déduire le rayon de giration de la molécule ainsi que son seuil de recouvrement C^*, qui est la concentration à partir de laquelle les chaînes se touchent :

$$R_{pol} = \left(\frac{[\eta]\,M_w}{6,2.N_a}\right)^{1/3} \tag{3.9}$$

et

$$C^* = \frac{M_w}{\frac{4}{3}\pi N_a R_{pol}^3} \backsimeq \frac{1,5}{[\eta]} \tag{3.10}$$

Pour $C < C^*$, on a une solution diluée, pour $C > C^*$, semi-diluée et pour $C \gg C^*$, la solution est dite "concentrée".

Caractérisation des solutions semi-diluées

Pour des concentrations supérieures à C^*, les chaînes commencent à se recouvrir et forment ainsi un réseau caractérisé par une taille de maille ξ_c (appelée aussi longueur de corrélation ou d'écran car au-delà de cette longueur, les corrélations de concentration en monomères sont écrantées) qui définit la distance moyenne entre les chaînes ([53] ; [54]) :

$$\xi_c = 0,5.R_{pol}\left(\frac{C}{C^*}\right)^{\beta} \tag{3.11}$$

où $\beta = -\frac{1+a}{3a}$, ce qui assure l'indépendance de ξ_c avec la masse.

On introduit également la notion de blob [53] de la solution qui définit le volume correspondant à une portion de chaîne "isolée" des autres. Broseta et al. [54] ont également montré que la longueur d'un blob est reliée à la longueur d'écran par :

$$\xi_b = 2,86\xi_c \tag{3.12}$$

On peut alors déterminer le nombre de monomères contenus dans un blob :

$$g = \frac{4\pi N_a}{3m_{pol}} C\xi_b^3 \tag{3.13}$$

ainsi que le nombre de blobs n :

$$n_{pol} = \frac{N_{pol}}{g} = 1,43^{-3} \left(\frac{C}{C^*}\right)^{1/a} \tag{3.14}$$

Dans le cadre de la reptation, le processus de diffusion est curvilinéaire et suit le modèle de Rouse où chaque bille est cette fois-ci un blob. On peut donc écrire le coefficient de diffusion du polymère :

$$D_{pol} = \frac{k_B T}{6\pi\eta_s n_{pol}\xi_b} \tag{3.15}$$

et on en déduit le temps de relaxation d'une chaîne :

$$t_r = \frac{(n_{pol}\xi_b)^2}{D_{pol}} \tag{3.16}$$

Il y a donc deux différences principales entre une solution semi-diluée de polymères et un gel. La première apparaît dans l'équation (3.11) : les "pores" de la solution sont généralement plus petits que ceux du gel (de l'ordre de quelques dizaines à quelques centaines de nanomètres). La seconde est qu'une matrice polymère, même très concentrée, ne constitue pas un milieu aussi rigide qu'un gel : il n'y a pas de réticulation et, la dynamique des chaînes, caractérisée par l'équation (3.16), peut être importante ; si les polymères de la matrice diffusent trop vite par rapport à la chaîne test, ils ne constituent plus des obstacles permanents.

Ce phénomène de relâchement de contraintes (CR) est une des limitations du modèle de reptation [53]. Cependant, dans le cas d'une solution homogène, monodisperse et suffisamment concentrée, il a été montré qu'il peut être négligé ; par contre, il est important lorsqu'on regarde la diffusion d'une longue chaîne dans des petites ([55] ; [56] ; [57] ; [58]). L'ADN double brin est généralement plus grand que le polymère neutre utilisé pour la séparation. De plus, les concentrations utilisées ne sont pas forcément très élevées. On s'attend donc à ce qu'il y ait un effet de la dynamique des chaînes de la matrice.

3.3 Théories pour l'électrophorèse en solution

3.3.1 Cas des solutions semi-diluées

Ce cas semble le plus simple car on dispose de modèles pour l'électrophorèse sur gel et on s'attend à ce que, dans la limite des solutions très concentrées, les résultats convergent. En 1991, Grossman et Soane [59] ont proposé une première approche consistant à utiliser le modèle du BRM en remplaçant la taille des pores a du gel par la longueur d'écran ξ_c. En 1993, Viovy et Duke [60] ont complété cette approche en s'appuyant, cette fois-ci, sur le récent modèle du BRF et en tenant compte du mouvement des polymères neutres. Ce dernier provoque un déplacement de la chaîne supposé indépendant du déplacement par reptation. La mobilité totale de la molécule est donc la somme de deux termes :

$$\mu = \mu_{rep} + \mu_{CR} \tag{3.17}$$

où μ_{rep} est donnée par le modèle de BRF.

Ces auteurs supposent qu'à chaque désengagement d'un polymère qui contribue au tube de reptation, l'ADN peut se déplacer d'une distance ξ_b. Le temps mis par l'ADN pour se déplacer doit être égal au temps nécessaire au polymère pour glisser sur sa longueur de contour L_{pol}. Ainsi :

$$\frac{L_{pol}}{v_{pol}} \simeq \frac{\xi_b}{v} \tag{3.18}$$

La dissipation visqueuse par chaîne polymère est égale à $\zeta_b v_p^2 (R_{pol}/\xi_b)^2$ où $\zeta_b = \eta_s \xi_b$ est la friction sur un blob et $(R_{pol}/\xi_b)^2$ le nombre de blobs. Le nombre de polymères qui doivent se déplacer est le nombre contenu dans le volume ayant pour base R_{pol} et pour directrice l'axe du tube de longueur $L_t = (R_g^2/\zeta_b)$. Ce nombre est donc :

$$\frac{R_{pol}^2 . L_t}{R_{pol}^3} \simeq \frac{R_g^2}{R_{pol} . \xi_b} \tag{3.19}$$

En écrivant que la friction totale ((3.19) par (3.18)) des polymères est égale à la friction due au déplacement de l'ADN par relâchement de contraintes $\zeta_{CR} v$, on obtient :

$$\zeta_{CR} \simeq \eta_s R_g^2 R_{pol}^5 \xi_b^{-6} \tag{3.20}$$

On peut ainsi évaluer la vitesse de la molécule liée au relâchement de contraintes qui est le rapport de la force électrique $N_k q_k E$ par ζ_{CR}. Ceci donne la mobilité suivante :

$$\frac{\mu_{CR}}{\mu_0} \simeq \left(\frac{R_{pol}}{\xi_b}\right)^{-5} \left(\frac{\xi_b}{b}\right) \tag{3.21}$$

Ce terme étant indépendant de la taille de l'ADN, la séparation n'est possible que dans le cas où $\mu_{CR} \ll \mu_{rep}$.

Les principales limitations de ce modèle sont, d'une part, que le relâchement de contraintes est indépendant du mouvement de l'ADN alors qu'il y a au moins localement un couplage entre ces deux dynamiques et, d'autre part, que l'élasticité de la matrice polymère n'est pas prise en compte. A partir de l'équation (3.21) et des équations donnant la mobilité dans le régime de reptation sans orientation (3.2) et (3.3), on peut prédire en-dessous de quelle concentration il y a perte de séparation :

$$\text{pour } \xi_b > b, \ \left(\frac{C}{C^*}\right)^3 \sim \frac{N_k b}{R_{pol}} \tag{3.22}$$

$$\text{pour } \xi_b < b, \ \left(\frac{C}{C^*}\right)^{9/2} \sim \frac{N_k R_{pol}}{b} \tag{3.23}$$

3.3.2 Cas des solutions diluées

Le mécanisme proposé par Barron et al. [17] pour expliquer la séparation en solution diluée est basé sur un enchevêtrement provisoire de l'ADN et du polymère neutre. Partant de cette hypothèse, Hubert et al [61] ont développé un modèle dans lequel chaque contact étire les deux molécules qui glissent alors l'une sur l'autre, l'ADN étant en moyenne enchevêtré avec plusieurs polymères. Deux ans plus tard, Sunada et Blanch [62], supposant que dans la plupart des cas l'ADN entre en collision avec les molécules neutres sans que ces dernières ne s'accrochent sur lui, proposèrent une autre approche. Cependant, ces deux modèles, tous deux basés sur un mécanisme de collision, sont qualitativement en accord avec les données expérimentales, surtout dans la gamme des ADN de 200 à 2000 *bp* à $C \ll C^*$. Pour les ADN plus grands et plus petits ainsi que pour les concentrations plus élevées, cet accord se dégrade.

Modèle de Hubert, Slater et Viovy

Le point central de ce modèle est l'accrochage et le décrochage de petits polymères neutres sur la molécule d'ADN. Ces derniers, lorsqu'ils sont accrochés, augmentent la friction du complexe ADN/polymère qui se déplace alors à la vitesse :

$$V_n = \frac{QE - nF_{pol}}{N\zeta} \tag{3.24}$$

$F_{pol} \simeq \eta L_{pol} V_n$ étant la friction due à une chaîne polymère, qui est donc étirée.

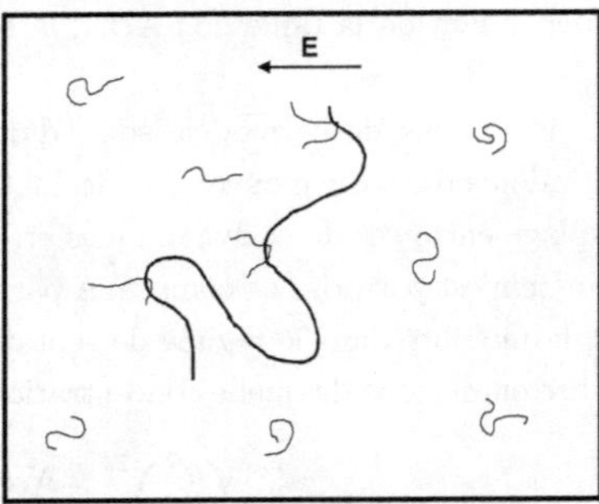

FIG. 3.3 – Représentation d'une molécule d'ADN lors de l'électrophorèse en solution. Le polymère et l'ADN sont enchevêtrés puis se désengagent.

Pour un grand nombre de polymères accrochés simultanément ($n \gg 1$), on suppose que le système atteint un état d'équilibre où n est constant et que la vitesse du complexe est donc donnée par l'équation (3.24). Dans le cas $n \ll 1$, c'est-à-dire lorsque le temps entre deux enchevêtrements τ_{coll} est supérieur au temps de décrochage d'une chaîne τ, la vitesse de l'ADN à un moment donné est soit celle qu'il a en solution pure, V_0, soit V_1. Ainsi :

$$V = \frac{V_1\tau + V_0(\tau_{coll} - \tau)}{\tau_{coll}} \tag{3.25}$$

Le processus de désenchevêtrement est dû au glissement du polymère et de l'ADN l'un autour de l'autre. Leur temps de désengagement respectif est [63] :

$$\tau_{ADN} \simeq \frac{L}{2V_n} \tag{3.26}$$

$$\tau_{pol} \simeq \frac{L_p}{2V_n} \tag{3.27}$$

et on peut ainsi obtenir le temps de désenchevêtrement résultant de ces deux processus parallèles :

$$\tau = (\tau_{pol}^{-1} + \tau_{ADN}^{-1})^{-1} \tag{3.28}$$

Les équations (3.26) et (3.27) supposent que l'ADN et le polymère sont pratiquement complètement étirés, c'est-à-dire que le champ électrique est très élevé. Bien que les champs utilisés en EC soient de l'ordre de plusieurs centaines de volts par centimètre, on surestime le temps de désenchevêtrement. Notons également que cette hypothèse permet de ne pas tenir compte du couplage électrohydrodynamique [2]. Le nombre d'aggrégation est évalué en égalant le temps moyen de décrochage avec le taux de collision :

$$\frac{n}{\tau} = VCS \tag{3.29}$$

où S est la "section efficace" des collisions ADN/polymère. Les auteurs, afin de se placer dans le cadre des mesures de Barron et al. [17], ne considèrent que le cas de petits polymères tels que $R_p < p$. Dans ce cas, ces derniers peuvent entrer facilement dans la pelote d'ADN et $S \simeq R_{pol}L$. Dans le cas contraire, on a plutôt $S \simeq (R_{pol} + R_g)^2$. Finalement, l'ensemble de ces équations donne la vitesse moyenne du polyélectrolyte dans le cas $n \gg 1$ avec $R_{pol} < p$:

$$\frac{V}{V_0} = \left[1 + \gamma C(1 + \beta \frac{L_{pol}}{L})^{-1}\right]^{-1} \tag{3.30}$$

Les paramètres β et γ sont indépendants de la taille de l'ADN (β est un préfacteur alors que $\gamma \sim L_{pol}^{8/5}$).

Modèle de Sunada et Blanch

Contrairement au modèle précédent, ces auteurs supposent que l'ADN et le polymère, dans la plupart des cas, ne s'enchevêtrent pas mais entrent en brève collision. Cette hypothèse est basée sur leur observations par vidéomicroscopie : la plupart du temps, les grandes molécules d'ADN en solution diluée de polymères de petites masses ne se déforment pas et restent sous forme globulaire pendant leur migration. Comme les petites molécules d'ADN, que l'on arrive à séparer dans de telles solutions, vont a priori former encore moins d'enchevêtrements que les longues, ils supposent que la séparation est essentiellement due à ces chocs ADN/polymères.

Lors d'un de ces chocs, la force électrophorétique est compensée par la friction de l'ADN et du polymère :

$$F_e = F_{DNA} + F_{pol} \tag{3.31}$$

où $F_e = q_{eff}NE$ et q_{eff} est la charge effective par paire de bases. Notons que les effets électrohydrodynamiques ne sont pas pris en compte, ce qui risque de mener à des prédictions erronées concernant la dépendance en fonction de la taille de l'ADN. D'autre part, l'ADN migrant à une vitesse V, si ζ_{pol} est la friction du polymère et ζ celle d'une paire de bases, on a les relations :

$$F_{DNA} = \zeta NV \tag{3.32}$$

$$F_{pol} = \zeta_{pol} V \tag{3.33}$$

On en déduit donc la mobilité de l'ADN lorsqu'il est en contact avec P polymères :

$$\mu_p = \frac{q_{eff} N}{\zeta N + \zeta_{pol} P} \tag{3.34}$$

Le nombre moyen de molécules entraînées par l'ADN est donné par :

$$X = \frac{\tau_c \lambda_{eff} N_c \mu E}{L_{cap}} \tag{3.35}$$

Dans cette relation, L_{cap} représente la longueur du capillaire, τ_c le temps de collision, N_c le nombre de collisions et λ_{eff} leur efficacité, c'est-à-dire la part de F_{pol} transmise à l'ADN. Dans ce modèle, le polymère ne peut pas entrer dans l'ADN et N_c est donc donné par :

$$N_c = C_n \pi (R_g + R_{pol})^2 \tag{3.36}$$

Si on définit P par l'inégalité $P < X < P + 1$, alors la mobilité de l'ADN est :

$$\mu = (P + 1 - X)\mu_p + (X - P)\mu_{p+1} = \frac{(P+1)\mu_p - P\mu_{p+1}}{1 + \frac{\tau_c \lambda_{eff} N_c E}{L_{cap}}(\mu_p - \mu_{p+1})} \tag{3.37}$$

Dans le cas où il y a moins d'une molécule accrochée en moyenne ($P = 0$), et si on suppose de plus que μ_1 est indépendant du champ électrique (sachant que μ_0 l'est), cette équation devient :

$$\frac{\mu}{\mu_0} = \frac{1}{1 + \alpha E C} \tag{3.38}$$

où α est un paramètre indépendant de E et de C. Dans ce cas, la mobilité diminuerait avec la concentration mais également avec le champ électrique.

3.4 Mesures et résultats

3.4.1 Caractérisation des solutions de dextrane

Afin de caractériser le milieu, c'est-à-dire les solutions de dextrane, nous avons besoin de connaître les grandeurs introduites dans la section (4.2) et notamment la concentration de recouvrement C^* qui marque le passage des solutions diluées aux solutions semi-diluées. Il est en principe possible de partir des paramètres de Mark-Houwink disponibles dans les tables. Le problème est que, généralement, ces constantes ne sont pas définies dans toutes les gammes de masses, notamment pour les grands polymères, ou qu'elles résultent de mesures effectuées sur des fractions de polymères non monodisperses. C'est le cas du dextrane pour lequel plusieurs couples de constantes sont possibles. Puisque nous ne pouvions pas choisir arbitrairement entre ces deux couples de valeurs, nous avons effectué des mesures afin de déterminer expérimentalement le C^* de notre dextrane. Pour cela, nous avons effectué des mesures de coefficient de diffusion ainsi que des mesures de viscosité.

Le dextrane que l'on utilise a une masse moléculaire moyenne $M_w = 2.10^6$ et la masse d'un monomère est $m_{pol} = 148\ g.mol^{-1}$. Il est donc constitué d'environ $N_{pol} = 13510$ monomères.

Détermination expérimentale

Pour obtenir la concentration de recouvrement du dextrane, nous avons effectué plusieurs mesures du coefficient de diffusion du dextrane fluorescent de même masse avec et sans ADN, du coefficient de diffusion de l'ADN λ avec du dextrane ainsi que des mesures de viscosité (low-shear 30, Contraves). La concentration d'ADN est toujours égale à 5 $\mu g.ml^{-1}$ ($C^* \sim 30\ \mu g.ml^{-1}$ [11]). Si nous avons fait des mesures avec l'ADN c'est parce que nous voulions déterminer le C^* en sa présence comme lors d'une expérience d'électrophorèse. En fait, comme on pouvait s'y attendre, les valeurs du coefficient de diffusion du dextrane ne sont pas modifiées par la présence ou non d'ADN, ce dernier étant très dilué.

Ces différentes mesures nous donnent une estimation de C^* qui est de l'ordre de $1,1\ \%\ w/w$. Heller [16] a déterminé 1 % par mesure de viscosité cinématique. Nous avons choisi de déterminer la concentration de recouvrement par l'intersection entre les asymptotes à faible concentration et à concentration élevée.

A partir des mesures de coefficient de diffusion du dextrane, on peut estimer son rayon de giration. En effet, on a la relation [28] :

$$D_{pol} = \frac{0,203}{\sqrt{6}} \frac{k_B T}{\eta_s R_{pol}} \tag{3.39}$$

en prenant la valeur mesuré $\eta_s = 0,93\ mPa.s^{-1}$ et $k_B T(25°C) = 4,166.10^{-21}\ J$. A la concentration de $0,001\ \%\ w/w$ le coefficient de diffusion du dextrane fluorescent est $86.10^{-9}\ cm^2.s^{-1}$. On en déduit la valeur $R_{pol} = 43\ nm$.

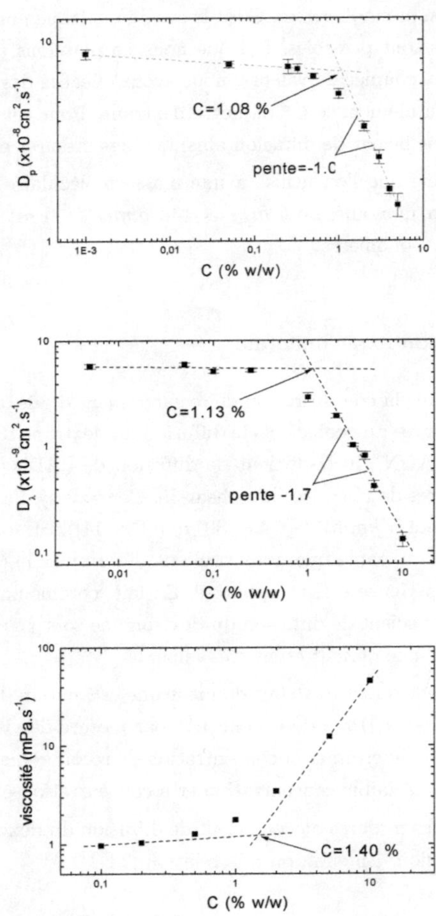

FIG. 3.4 – Coefficient de diffusion du dextrane fluorescent (en haut), de l'ADN λ (au milieu) en fonction de la concentration en dextrane. La courbe du bas représente la viscosité absolue des différentes solutions de dextrane.

Détermination à partir de la loi de Mark-Houwink

Les constantes généralement utilisées pour le dextrane sont disponibles dans le Polymer Handbook [64]. Elles sont reportées sur le tableau (3.1).

Gamme de Masse	**Kx10^{-3}**$(ml.g^{-1})$	α	T (°C)
20000-100000	97,8	0,50	25
400-45000	49,3	0,60	25

TAB. 3.1 – Constantes de Mark-Houwink pour le dextrane.

A partir de l'équation (3.8), on détermine la viscosité intrinsèque du dextrane puis son rayon de giration (3.9) et la concentration de recouvrement (3.10) (Tableau (3.2)).

	$\mathbf{K = 97,8.10^{-3}, \alpha = 0,50}$	$\mathbf{K = 49,3.10^{-3}, \alpha = 0,60}$
$[\eta]$ $(ml.g^{-1})$	138,3	297,5
R_{pol} (nm)	42	55
C^* (% w/w)	1,08	0,5

TAB. 3.2 – Viscosité intrinsèque, rayon de gyration et concentration de recouvrement calculés à partir des constantes de Mark-Houwink.

Les résultats les plus proches de nos valeurs expérimentales sont obtenus pour $K = 97,8.10^{-3}$ $ml.g^{-1}$ et $\alpha = 0,50$. A la fois la valeur de C^* et celle de R_p déterminées à partir des mesures sont très proches de celles obtenues pour les valeurs K et α ci-dessus. De cette dernière valeur dépend notamment les exposants des variations avec C qui peuvent être très différents suivant que $\alpha = 0,8$ ou $\alpha = 0,5$.

A partir de ces valeurs, toujours d'après la section 4.2, nous pouvons calculer les différentes grandeurs caractéristiques des solutions dans le régime semi-dilué, le polymère étant gaussien. Les équations (3.11), (3.13), (3.14), (3.15) et (3.16) deviennent alors :

$$\xi_b(nm) = 2,86.\xi_c = 64,9.C^{-1}(\%) \qquad (3.40)$$

$$g = 4,66.10^4.C^{-2}(\%) \tag{3.41}$$

$$n_{pol} = 2,93.10^{-1}.C^2(\%) \tag{3.42}$$

$$D_{pol}(cm^2.s^{-1}) = 1,23.10^{-7}C^{-1}(\%) \tag{3.43}$$

$$t_r(s) = 1,08.10^{-4}.C^3(\%) \tag{3.44}$$

Sur la figure (3.4), on voit que l'on a bien une pente égale à -1 comme prédit par l'équation (3.43). On peut également comparer les valeurs de D_{pol} prévues par cette équation à nos valeurs expérimentales (Tableau 3.3).

C (%)	**D_{pol}(x10^{-8}cm^2.s^{-1}) calculé**	**D_{pol} (x10^{-8}cm^2.s^{-1}) mesuré**
1	12,3	5,4
2	6,1	3,7
5	2,5	1,5
10	1,2	0,7

TAB. 3.3 – Comparaison entre le coefficient de diffusion mesuré et prédit

Typiquement, les valeurs mesurées sont 2 fois plus petites que celles attendues. On peut toutefois considérer que l'accord est satisfaisant, ce calcul étant effectué dans le cadre de la reptation pure. Or, a priori, à 1 %, les molécules commencent juste à interagir.

3.4.2 Résultats et commentaires

La taille de l'ADN et du polymère neutre, le champ électrique et la concentration en polymère sont les principaux paramètres affectant le mécanisme de séparation et intervenant dans les modèles d'électrophorèse. Il est donc intéressant de voir dans un premier temps si les grandeurs mesurées sont affectées par le passage d'un régime de concentration à l'autre, traduisant que l'on change de mécanisme dominant. Dans un deuxième temps, nous pouvons confronter nos résultats aux modèles existants.

Nous avons effectué plusieurs séries de mesures de la mobilité, de la diffusion et de l'orientation relative des molécules d'ADN de masses $4,7$ *kbp* et $48,5$ *kbp* dans différentes solutions de dextrane. Nous avons choisi de garder le même dextrane $M_w = 2.10^6$ pour toute l'étude. Les concentrations de ces solutions varient de $0,1$ % à 10 % et on couvre ainsi les domaines des solutions diluées et semi-diluées. Nous

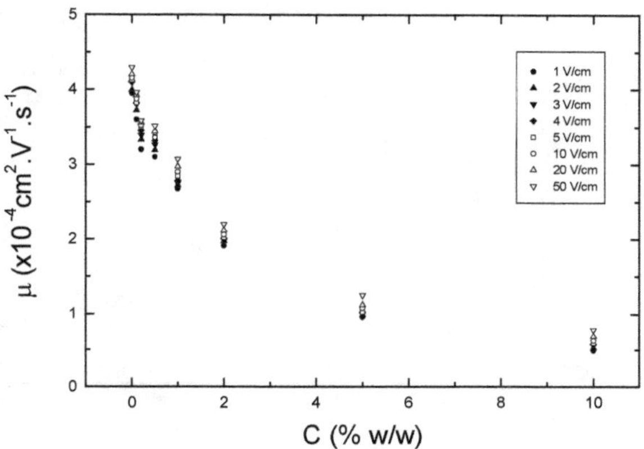

FIG. 3.5 – Mobilité de l'ADN 48,5 kbp en fonction de la concentration en dextrane.

avons pu mesurer simultanément ces trois grandeurs pour des champs électriques variant de $0,5$ à 5 $V.cm^{-1}$ (cf section (2.3.3)) et jusqu'à 50 $V.cm^{-1}$ pour la mobilité et l'orientation. Des mesures en fonction de la masse en ADN ont aussi été réalisées pour deux concentrations en dextrane de $0,2$ % et 5 %, c'est-à-dire $C^*/5$ et $5C^*$.

Mesures de mobilité

La figure (3.5) représente la variation de la mobilité électrophorétique de l'ADN $48,5$ *kbp* en fonction de la concentration en dextrane pour différents champs électriques. Cette courbe présente le comportement habituellement observé pour ce type de mesures. On constate qu'il n'y a pas de changement marqué de comportement pour $C = C^*$. Nous avons une courbe et des valeurs très proches pour la mobilité du fragment $4,7$ *kbp*. En fait, jusqu'à 5 %, la mobilité du fragment $4,7$ *kbp* est légèrement supérieure à celle du λ. Nous présentons sur la figure (3.6) les mobilités des deux fragments à 50 $V.cm^{-1}$. On observe également qu'à toutes les concentrations, il y a une variation avec le champ électrique.

Considérons la concentration $C = 0,2$ % ; on y observe le maximum d'écart entre les deux mobilités. Pour le $48,5$ *kbp* et le $4,7$ *kbp*, ces dernières sont respectivement

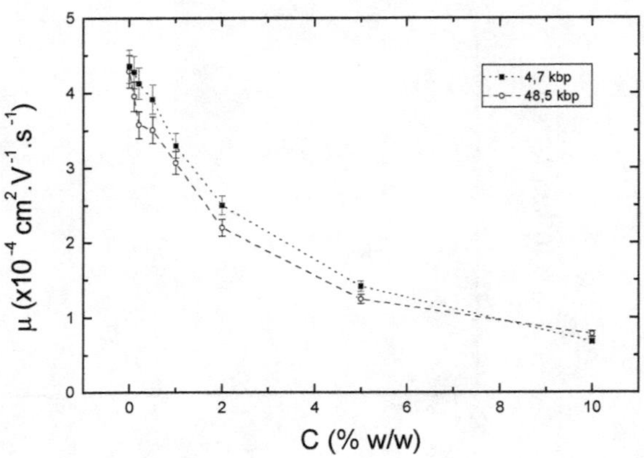

FIG. 3.6 – Mobilité des ADN 48, 5 *kbp* et 4, 7 *kbp* à 50 $V.cm^{-1}$.

3, 58.10^{-4} et 4, 13.10^{-4} $cm^2.V^{-1}.s^{-1}$. A 50 $V.cm^{-1}$, ceci mène, après migration sur 30 *cm*, ce qui est une longueur typique de capillaire, à une différence de temps d'élution d'environ 80 *s*. A fortiori, cet intervalle de temps est suffisamment grand pour que des tailles intermédiaires soient séparées. Cependant, pour nos mesures de mobilité très rapides (une mesure en solution diluée ne dure que quelques secondes), ces faibles variations (jusqu'à 10 %) sont assez proches des erreurs expérimentales (de l'ordre de 5 %). Nous avons effectué des mesures de la mobilité en fonction de la taille de l'ADN à $C = 0,2$ % mais nous n'avons pas pu mettre en évidence de variation systématique, même si les plus petits semblent aller plus vite que les plus grands. Pour une telle comparaison, une mesure simultanée avec tous les fragments, telles que celles réalisées avec des appareils d'électrophorèse capillaire commerciaux, est préférable.

En semi-dilué, la mobilité semble être indépendante de la masse. Sur la figure (3.7), nous représentons sa variation avec N à la concentration $C = 5$ % (soit $C/C^* \simeq 5$, ce qui est typique des concentrations usuelles). Pour les ADN supérieurs à 4, 7 *kbp*, la variation $\mu(N)$ est faible. Pour les ADN inférieurs à 4, 7 *kbp* , elle est plus marquée. Notons que c'est souvent dans la gamme de masses $1000 - 5000$ *bp* que l'on perd la séparabilité (voir par ex. [65] ou [16]).

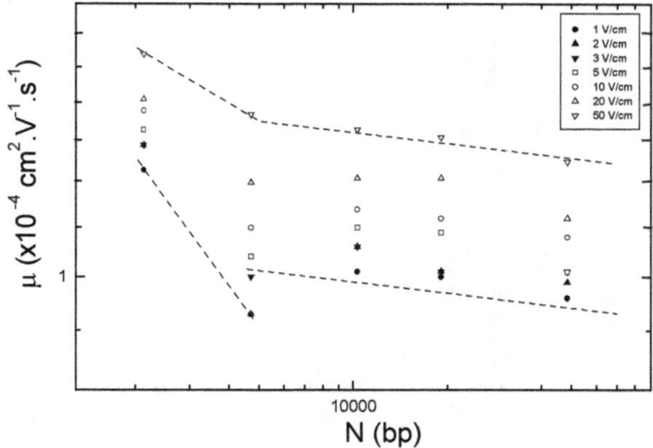

FIG. 3.7 – Mobilité en fonction de la masse d'ADN à la concentration en dextrane de 5 %.

Dépendance avec E et C : Afin de voir comment varie la mobilité en fonction de la concentration et du champ électrique, nous représentons, en log-log, $\mu(C)$ pour l'ADN λ (Fig. (3.8)) et $\mu(E)$ pour les deux fragments (Fig (3.9)). En solution diluée, la mobilité est indépendante du champ et ne varie pratiquement pas avec la concentration. Pour les solutions $C = 5$ % et $C = 10$ %, μ est proportionnel à C^{-1} aux faibles champs et cette dépendance devient moins marquée quand E augmente. Quant à la variation avec le champ, elle est relativement faible, avec un exposant légèrement supérieur à $0,1$; elle est néanmoins significative d'un effet de la matrice de polymères neutres.

Mesures de coefficient de diffusion

Les figures (3.10) représentent la variation du coefficient de l'ADN λ et $4,7$ kbp avec la concentration en dextrane pour des champs électriques variant de 0 $V.cm^{-1}$ à 5 $V.cm^{-1}$. La variation avec le champ devient très importante pour $C > C^{*}$. En effet, à $C = 10$ %, alors que la mobilité n'est multipliée que d'un facteur 2 en passant de 1 à 50 $V.cm^{-1}$, le coefficient de diffusion est multiplié par 5 et 25, pour l'ADN

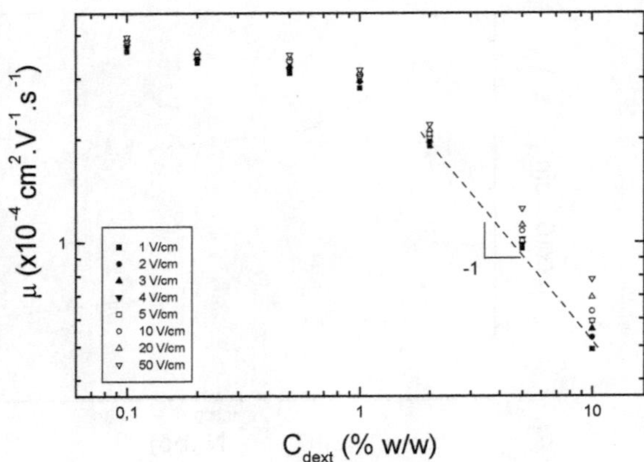

FIG. 3.8 – Représentation log-log de la mobilité de l'ADN 48, 5 *kbp* en fonction de la concentration en dextrane. La droite de pente -1 est un guide pour les yeux.

4, 7 *kbp* et λ respectivement, pour des champs variant de 0 à 5 $V.cm^{-1}$. Il est donc très affecté par le champ électrique en semi-dilué. A toutes les concentrations en dextrane, le coefficient de diffusion varie plus significativement avec E pour l'ADN λ ; on constate notamment qu'il est pratiquement multiplié par 2 à $C = 0,2$ % pour ce dernier alors que pour le 4, 7 *kbp* il n'augmente que de 10 %.

Dépendance en E et C : La figure (3.11) montre le comportement de D avec la concentration en représentation log-log et la figure (3.12) avec le champ électrique pour des valeurs de 0 à 5 $V.cm^{-1}$. Pour $C > C^*$, à champ nul, D est proportionnel à $C^{-1,5}$; mais, quand le champ augmente, l'exposant tend vers 0, et d'autant plus que l'ADN est grand. En ce qui concerne la variation en champ, on semble avoir globalement trois régimes : en E^0, $E^{1/2}$ et E^1. Pour le fragment 4, 7 *kbp*, D est indépendant du champ électrique pour $C < C^*$. Quand la concentration augmente, on entre dans le régime où la pente est de l'ordre de $0,4 - 0,5$ puis, à $C = 10\%$, dans le régime linéaire pour $E \geq 3$ $V.cm^{-1}$. Les variation de l'ADN 48, 5 *kbp* sont similaires excepté que les transitions ont lieu pour des concentrations plus faibles. En particulier, on entre dans le deuxième régime à la concentration $C = 0,5$ %

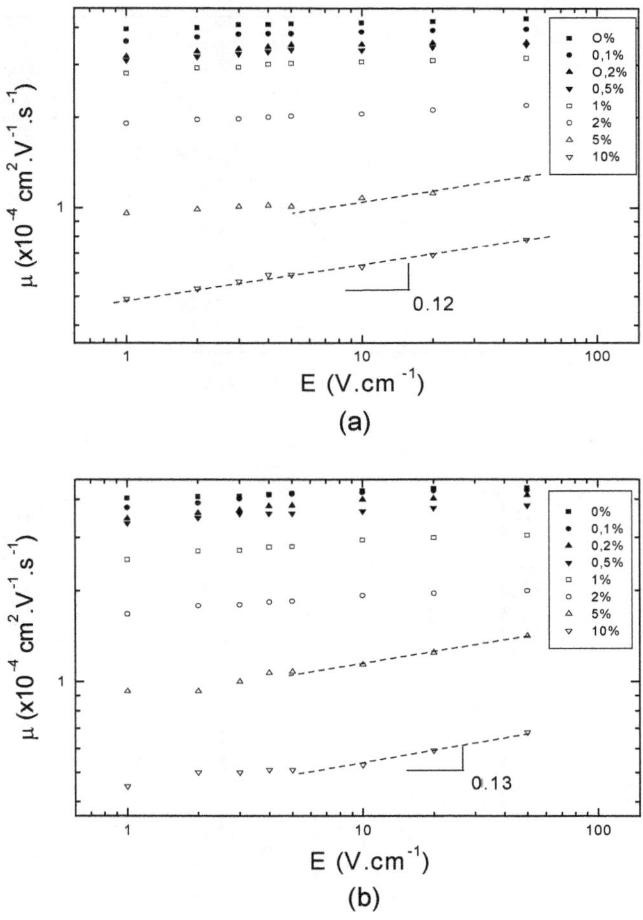

FIG. 3.9 – Variation de la mobilité (a) de l'ADN 48 kbp et (b) 4,7 kbp avec le champ électrique.

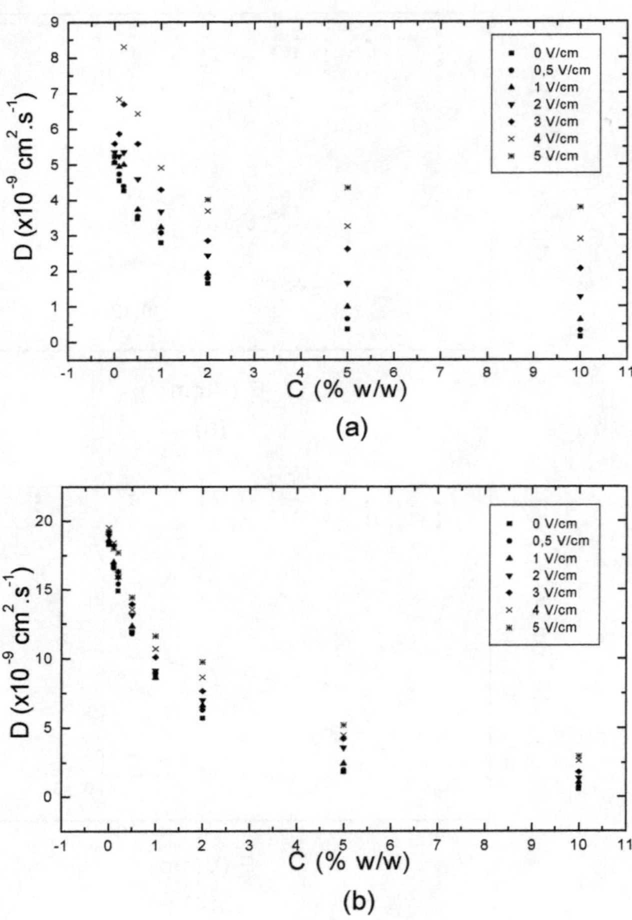

FIG. 3.10 – Coefficient de diffusion en fonction de la concentration en dextrane à plusieurs champs électriques (a) de l'ADN 48, 5 *kbp* et (b) de l'ADN 4, 7 *kbp*.

qui est inférieure à la concentration de recouvrement ($C^* \sim 1,1$ %). On atteint le troisième régime à $C = 5$ % pour un champ de l'ordre de 2 $V.cm^{-1}$. A $C = 10$ %, la variation est linéaire pour tous les champs appliqués.

Dépendance avec N : Sur la figure (3.13), nous montrons $D(N)$ en représentation log-log aux concentrations $C = 0,2$ % et $C = 5$ %. En dilué, on retrouve un exposant proche de celui mesuré en solution pure d'ADN (Fig (2.6)) mais le fragment 2,7 *kbp* est un peu plus en-dehors de la droite. On remarque aussi que globalement la dépendance avec le champ augmente avec N. En semi-dilué, les exposants obtenus en l'absence de champ sont nettement inférieurs à la valeur -2 que l'on attendrait pour de la reptation pure. A 5 $V.cm^{-1}$, le coefficient de diffusion devient indépendant de N.

Mesures d'orientation

Finalement, les figures (3.14) montrent l'orientation relative des deux fragments d'ADN 4,7 *kbp* et 48,5 *kbp* en fonction du champ électrique pour plusieurs concentrations en dextrane. Alors qu'on ne détecte pas d'orientation en solution diluée pour le plus petit ADN sauf à 50 $V.cm^{-1}$ et à 0,5 %, l'ADN λ s'oriente dès les plus faibles concentrations pour des champs de 20 $V.cm^{-1}$. Globalement, pour $C > C^*$, on mesure 2 fois plus d'orientation pour l'ADN 48,5 *kbp* que pour le 4,7 *kbp*. A ces concentrations, l'orientation varie linéairement avec le champ électrique, alors qu'en solution diluée elle est compatible avec E^2 comme cela a été observé par Starchev et al. [66]. Par ailleurs, nous n'avons pas observé d'overshoot caractéristique d'un surétirement de la chaîne.

Nous avons réalisé une mesure d'orientation absolue pour l'ADN λ à la concentration $C = 5$ % en dextrane. A partir de ces valeurs, nous avons pu estimer l'orientation à toutes les concentrations (Fig 3.15). A $C = 10$ % et $E = 50$ $V.cm^{-1}$, l'orientation est de l'ordre de 15 % ; cette valeur est similaire à celle que l'on mesure dans un gel d'agarose à une concentration $C \sim 0,6$ % [67].

Vidéomicroscopie

Nous souhaitions avoir quelques observations directes de nos solutions. Nous avons donc utilisé un montage de vidéomicroscopie pour regarder le déplacement de molécules d'ADN T2 en solution diluée ($C = 0,2$ %) et semi-diluée ($C = 5$ %). Les particules sont visualisées à l'aide d'un microscope (Leica DM R) surmonté d'une

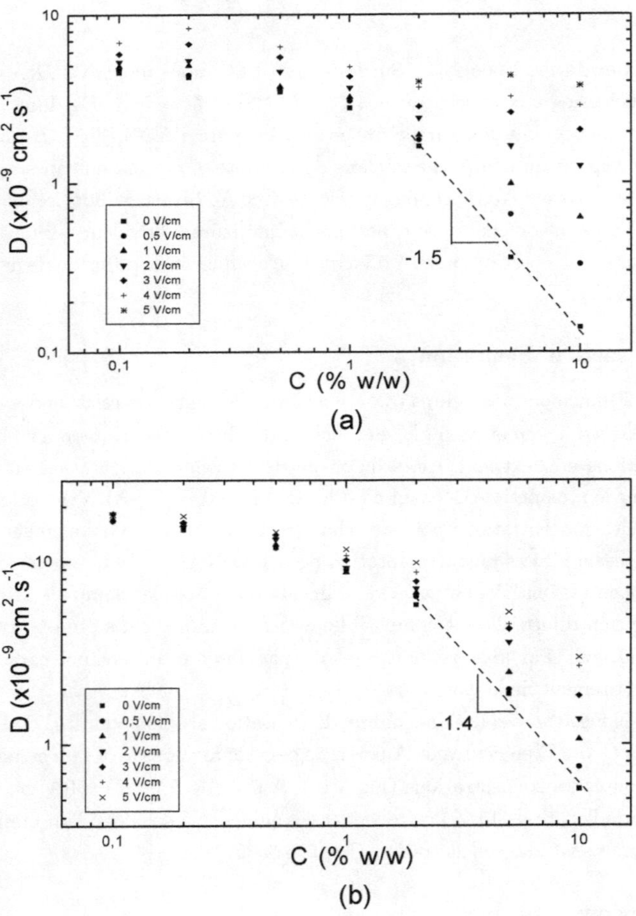

FIG. 3.11 – Coefficient de diffusion (a) de l'ADN 48,5 kbp et (b) 4,7 kbp en fonction de la concentration en dextrane.

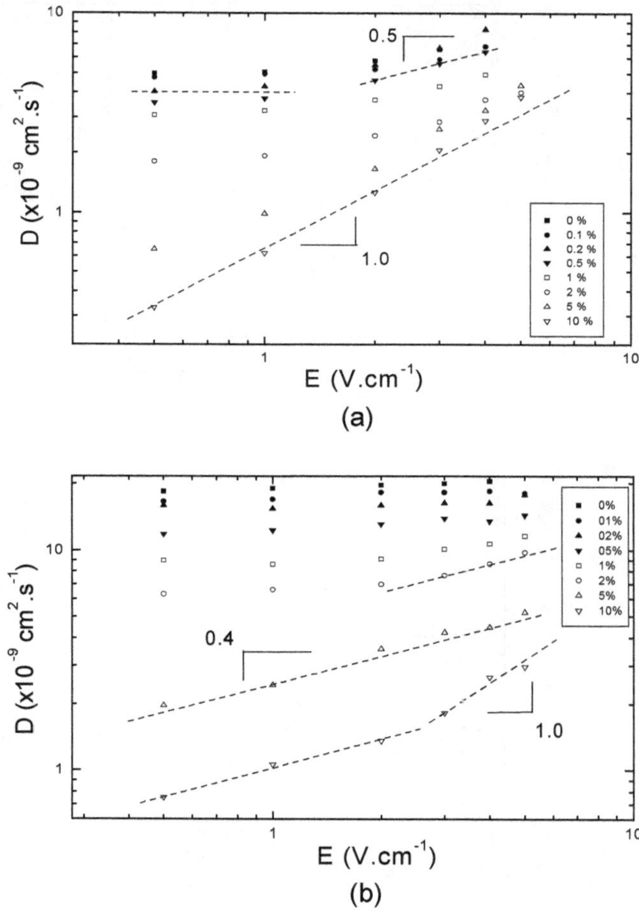

FIG. 3.12 – Variation du coefficient de diffusion (a) de l'ADN 48,5 kbp et (b) 4,7 kbp avec le champ électrique.

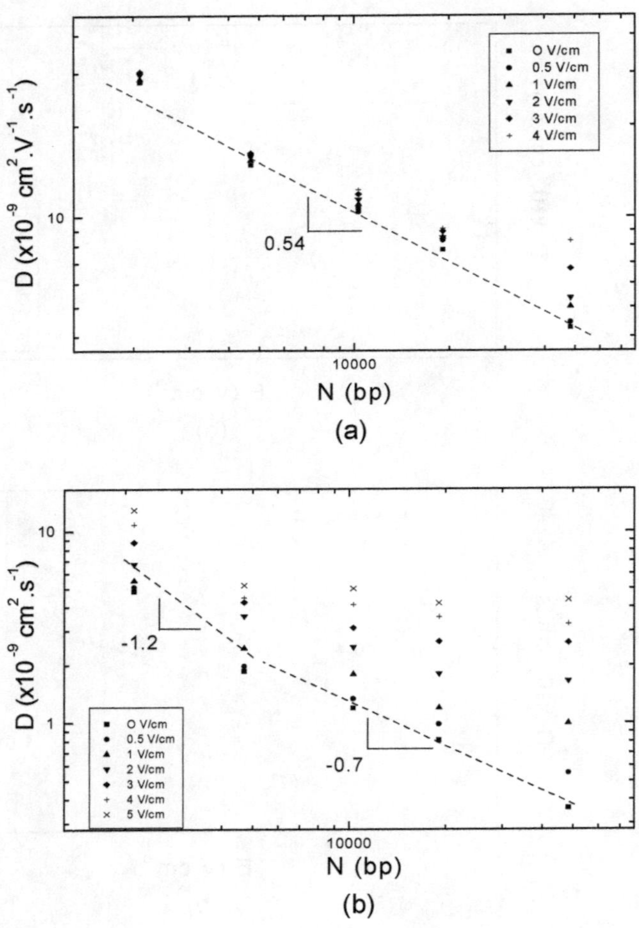

FIG. 3.13 – Coefficient de diffusion en fonction de la taille de l'ADN à la concentration (a) $C = 0,2$ % et (b) $C = 5$ %.

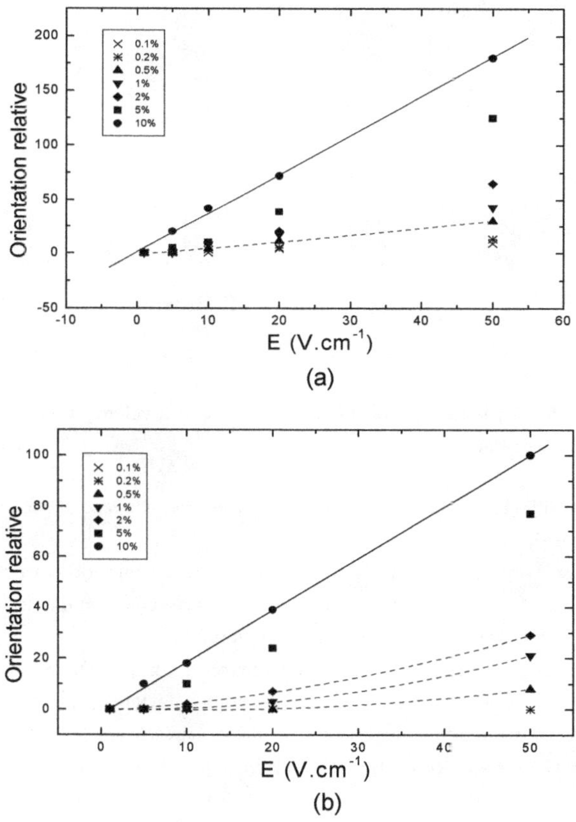

FIG. 3.14 – Variation de l'orientation relative (a) de l'ADN 48,5 kbp et (b) 4,7 kbp avec le champ électrique. Les lignes continues représentent une variation linéaire et celles discontinues sont compatibles avec une variation quadratique

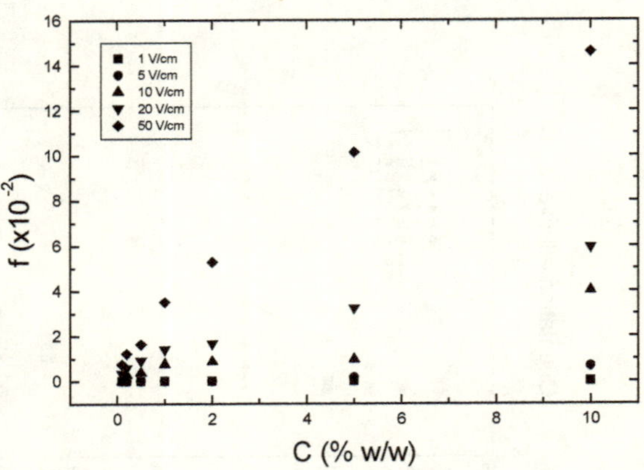

FIG. 3.15 – Orientation absolue de l'ADN λ. Les valeurs sont déterminées à partir des mesures effectuées à $C = 5$ %.

caméra SIT (Hamamatsu). Les particules fluorescentes sont excitées par une lampe à mercure.

En solution diluée, l'ADN garde une conformation globulaire : nous n'avons pas observé de déformation en U ou J. Il n'y pas de changement visible par rapport à ce que l'on observe en solution sans polymère.

En solution semi-diluée, l'ADN montre un comportement du même genre que ce que l'on observe en gel ; il passe de conformations étirées à des conformations globulaires. Cependant, les phases où il est étiré ne sont pas très fréquentes et les déformations sont beaucoup moins visibles que lors de sa migration en gel.

Pour résumer

Le comportement général est donc le suivant :

1. il y peu d'effet de la concentration et du champ électrique sur μ et D en-dessous de C^*.

2. pour $C > C^*$, μ et D deviennent dépendants de E, les variations observées pour le coefficient de diffusion étant beaucoup plus importantes que pour la

mobilité.

3. on peut distinguer trois régimes pour la variation de D avec E.
4. pour $C > C^*$, il n'y a pas de surétirement de l'ADN.
5. à champ nul, le comportement de D en semi-dilué montre que le mécanisme de transport n'est pas de la reptation pure.

3.5 Discussion

3.5.1 Effets de viscosité

Les courbes montrant la mobilité et le coefficient de diffusion en fonction de la concentration en dextrane ont, à première vue, un comportement proche de la courbe $1/\eta$. Afin de voir quelle part du comportement de ces deux grandeurs est due à la viscosité et non aux interactions induites par le champ électrique entre ADN et dextrane, nous avons représenté les produits $\eta\mu$ et ηD pour l'ADN λ sur les figures (3.16).

Pour un champ donné, la variation avec la concentration est essentiellement due à l'augmentation de la viscosité jusqu'à la concentration de 1 %. Au-delà, l'effet du champ électrique devient très important : la mobilité est dès 1 $V.cm^{-1}$ bien plus élevée que $\eta_s\mu$ à concentration nulle et la variation avec E augmente d'autant plus que la concentration est élevée (Fig. (3.17)). En ce qui concerne le coefficient de diffusion, les valeurs de ηD à champ nul ne varient pratiquement pas avec C. La diminution de D dans ce cas est donc surtout due à l'augmentation de la viscosité de la solution de polymères pour toutes les concentrations. Il apparaît également sur ces figures que le champ joue un rôle important à partir de la concentration 2 %.

3.5.2 Solutions diluées

Comparaison avec le modèle de Hubert et al.

Nous avons voulu comparer nos résultats avec le modèle de Hubert et al [61]. Il faut d'abord obtenir les valeurs des paramètres γ et β. Pour cela, ces auteurs représentent $[-1 + V_0/V]$ (éq. (3.30)) en fonction de la concentration dans la limite $L \to \infty$. Ensuite, à partir de cette valeur et de l'équation (3.30), ils déterminent β pour plusieurs masses d'ADN. Comme nous n'avions pas assez de fragments d'ADN

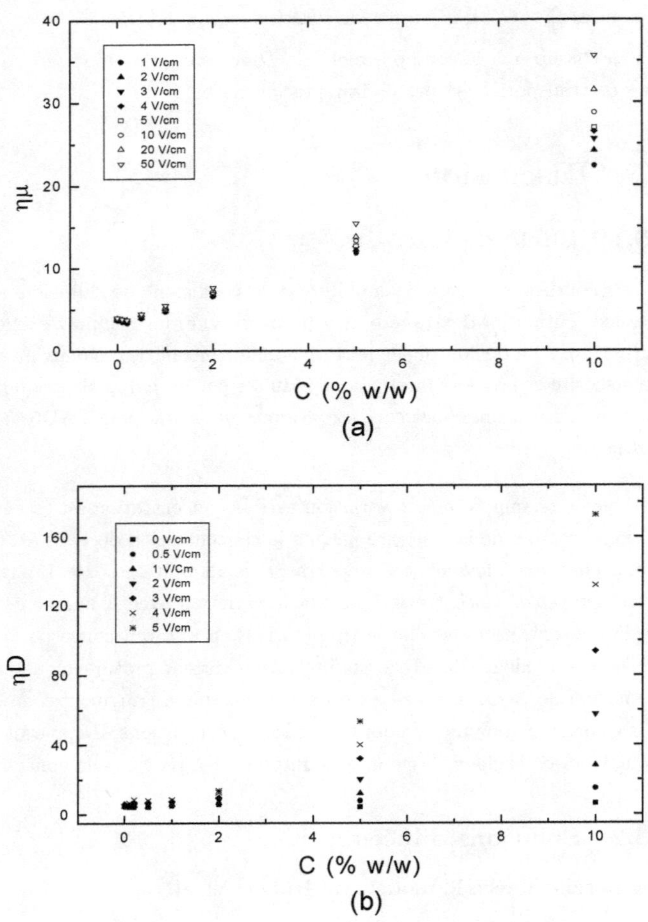

FIG. 3.16 – Viscosité multipliée par la mobilité (en haut) et par le coefficient (en bas) de l'ADN λ.

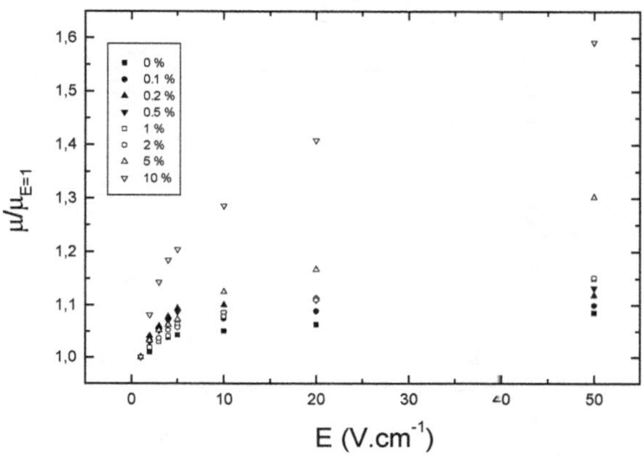

FIG. 3.17 – Mobilité de l'ADN λ ramenée à sa valeur à $E = 1\ V.cm^{-1}$.

et de concentrations en dilué pour pouvoir faire les extrapolations permettant d'obtenir ces paramètres, nous avons pris nos valeurs pour l'ADN λ à 50 $V.cm^{-1}$, qui sont les plus proches des hypothèses du modèle. Cependant, dans ce cas, le rapport L_{pol}/L est de l'ordre de $0,3$ ce qui est assez élevé ; de plus, toute la gamme de concentrations est utilisée. Ensuite, nous avons interpolé les valeurs pour obtenir β. Pour opérer d'une autre manière, nous avons également directement utilisé l'équation (3.30) en gardant les deux paramètres ajustables. Dans ces deux cas, les meilleurs ajustements sont obtenus pour $\gamma \sim 0,3 - 0,4$ et $\beta \sim 0$ et la courbe passe assez bien par les points (Fig.(3.18)) ; que l'on trouve $\beta \sim 0$ est cohérent avec le fait que la mobilité ne dépend que très peu de la taille de l'ADN. Par contre, il est plus surprenant que ces courbes passent par les points jusqu'à $C = 10\ \%$ ($\simeq 10C^*$)où l'ADN est censé repter.

Mécanisme

Les figures (3.12) et (3.14) montrent qu'il y a bien une interaction particulière ADN/dextrane sous l'effet du champ électrique ; ceci est visible pour l'ADN λ pour lequel on mesure de l'orientation dès $C = 0,1\ \%$ et dont le coefficient de diffusion

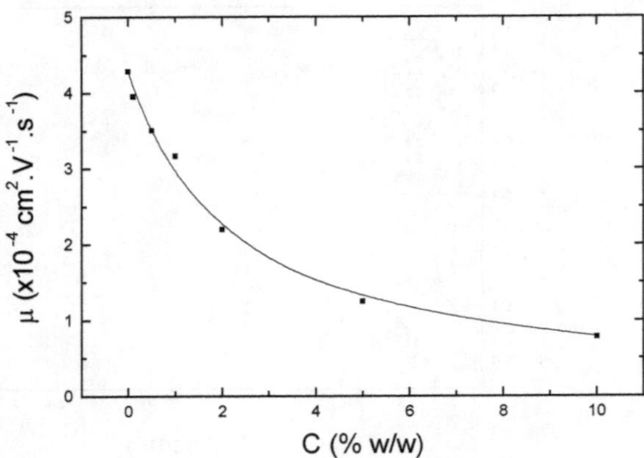

FIG. 3.18 – Mobilité de l'ADN λ en fonction de la concentration en dextrane à 50 $V.cm^{-1}$. La ligne continue représente l'ajustement par la fonction de Hubert et al.

varie en $E^{1/2}$ pour $C < C^*$. Cependant, du fait des faibles variations de mobilité observées, des interactions de type collision semblent plus probables que des enchevêtrements provisoires. En effet, on s'attendrait dans ce cas à voir la vitesse de l'ADN diminuer d'avantage puisqu'il y aurait une augmentation importante de la friction. De plus, l'ADN ne se déforme pratiquement pas. Des études par vidéomicroscopie ([68] ; [69] ;[70] ;[71]) ainsi que nos propres observations montrent que l'ADN garde essentiellement une conformation globulaire lors de sa migration en solution diluée (des conformations en U, J et I sont visibles mais se produisent plus rarement). Ces observations sont généralement faites pour des champs électriques inférieurs à 25 $V.cm^{-1}$ ou en ajoutant une quantité importante de sucrose, ce qui est proche de nos conditions expérimentales. Afin d'obtenir plus de renseignements dans ce régime, nous avons réalisé des mesures de la vitesse à laquelle le dextrane est entraîné par l'ADN. Ces expériences sont présentées dans le Chapitre 4.

3.5.3 Solutions semi-diluées

La plupart du temps, les données de mobilité de l'ADN en solution semi-diluée sont analysées en terme de BRF en gel serré. Pourtant, il a été reconnu que la dynamique du réseau, d'une part, et sa non-rigidité, d'autre part, ne sont pas nécessairement des phénomènes négligeables. Nous allons à notre tour voir, dans un premier temps, si le modèle de BRF (Eq. (3.3), (3.4) et (3.6)) peut rendre compte de l'ensemble de nos résultats.

Comparaison avec le modèle de BRF en gel serré

Nous avons fait les observations suivantes :

1. la mobilité est indépendante de la taille de l'ADN, sauf pour les deux fragments les plus petits où elle présente une variation. D'autre part, elle augmente avec le champ électrique.
2. on trouve trois régimes de coefficient de diffusion avec le champ électrique. De plus, les variations observées sont, sur ces gammes de champ, du même ordre de grandeur qu'en gel.
3. les molécules d'ADN s'orientent et les valeurs de C et E pour lesquelles on commence à détecter de l'orientation correspondent à l'établissement du régime $D \sim E$.

Ces comportements sont a priori en accord avec les prédictions du modèle de BRF. Cependant, un écart des exposants avec les prévisions est constaté et certaines variations ne correspondent pas à ce qui est observé en gel.

1. nous trouvons $\mu \sim E^{0,1}$ ce qui est assez différent de l'exposant le plus proche proposé par le BRF ($0,4$ dans le deuxième régime de reptation avec orientation (eq. 3.4b)). Cette dépendance en $E^{0,4}$ a été observée en semi-dilué ([72] ;[1]) pour des ADN double brins de taille inférieure à 5 kbp.
2. les deux premiers régimes du coefficient de diffusion sont en E^0, $E^{1/2}$ au lieu de E^0, E^1 prédit par le BRF. Pour le troisième, on a $D \sim E^1$, ce qui pourrait correspondre à l'équation (3.6d). Celle-ci décrit le même régime de reptation avec orientation pour lequel on a $\mu \sim E^{0,4}$. Quant à la dépendance en N, bien qu'elle soit en $N^{1/2}$ dans le deuxième régime, en accord avec les prédictions (Eq. (3.6b)), étant donné qu'il n'y a déjà pas de reptation à champ nul, on peut douter que cela traduise un transport par reptation.

3. les figures d'orientation ne montrent pas d'overshoot.
4. les variations avec la taille de blob $\xi_b \sim C^{-1}$ diffèrent beaucoup du modèle. Sur les figures (3.11), on voit que D devient indépendant de ξ pour l'ADN λ. Heller [1] a également constaté d'importantes différences pour la mobilité avec les prédictions pour la mobilité.

Finalement, il n'y a principalement que l'allure générale des courbes et le fait que les données semblent coïncider avec un des régimes de reptation avec orientation qui soutiennent que le modèle de BRF rende compte du mécanisme. En fait, nous pensons que la reptation n'est pas le mécanisme dominant pour notre système.

Diffusion en l'absence de champ électrique.

Nous avons déjà constaté qu'en l'absence de champ, la variation de D avec N était bien inférieure à l'exposant de la reptation. Ceci a été étudié théoriquement et expérimentalement et, pour des grandes chaînes dans des petites, on s'attend à ce que le relâchement de contrainte soit important. Cependant, le dextrane $M_w = 2.10^6$ comprend environ 13500 monomères, ce qui lui confère une longueur de contour d'environ $4,5\ \mu m$, comprise entre celle des fragments $10,3\ kbp$ et $19,1\ kbp$; il n'est donc pas sensiblement plus petit que l'ADN. Par contre, il est beaucoup plus flexible et donc son temps de relaxation est bien plus court. Le tableau (3.4) donne les temps de relaxation de l'ADN en solution de dextrane $C = 5\ \%$ déterminé à partir des mesures de coefficient de diffusion et de l'équation (3.16). Le temps du dextrane est de l'ordre de $1,3.10^{-2}\ s$ à cette concentration.

N (kbp)	2,1	4,7	10,3	19,1	48,5
τ_{ADN} **(s)**	$2{,}1.10^{-2}$	$1{,}7.10^{-1}$	$5{,}2.10^{-1}$	1,4	8,7

TAB. 3.4 – Temps de relaxation de l'ADN dans une solution de dextrane semi-diluée à 5. %

Le point de changement de pente à $N \sim 5000\ bp$ (Fig (3.13a)) en solution de dextrane $C = 5\ \%$ est compatible avec les temps respectifs de relaxation de l'ADN et du dextrane. Nous avons voulu faire varier le temps de relaxation du réseau en changeant de polymère et de concentration. Ainsi, on devrait voir un changement de pentes, celles-ci devant se rapprocher de -2 quand la dynamique de la matrice

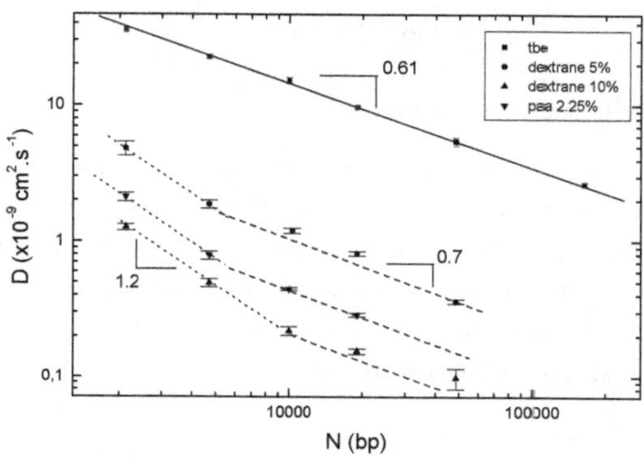

FIG. 3.19 – Coefficients de difusion pour plusieurs fragments d'ADN dans différentes solutions de polymères neutres. La ligne continue est un ajustement de pente 0,61, alors que les lignes discontinues et pointillées sont des guides pour les yeux de pente 0,7 et 1,2 respectivement.

neutre devient moins importante. Il devrait aussi y avoir un changement de taille critique où le changement de pente se produit ; celui-ci devrait se déplacer vers les tailles plus grandes.

Sur la figure (3.19), nous présentons des mesures du coefficient de diffusion de l'ADN dans des solutions de dextrane à 5 % et 10 % ainsi que dans une solution de PAA $M_w = 7.10^5/10^6$ (Polysciences) à la concentration de 2,25 % , la concentration de recouvrement de ce polymère étant de l'ordre de 0,35 % [16]. Pour ces trois séries de mesures, on trouve des pentes compatibles avec $-1,2$ pour les petites masses, puis une dépendance moins marquée en $N^{-0.7}$ pour les plus grandes. Les résultats obtenus avec le PAA sont similaires à ceux du dextrane à 5 %. On constate qu'il y a un déplacement de la valeur de N correspondant au changement de pente vers les grandes masses quand la concentration augmente, en accord avec le fait que le temps de relaxation du polymère neutre augmente. Cependant, les pentes ne varient pas et restent proches de $-1,2$ et $-0,7$. Ceci n'est pas très étonnant étant donné que nous n'avons pas beaucoup de tailles d'ADN différentes pour les déterminer avec précision ; de plus, ce changement de pente n'est sans doute pas brutal.

Le relâchement de contraintes est donc important à champ nul et domine déjà beaucoup la reptation (si reptation il y a).

Relâchement de contraintes

On pourrait alors penser qu'en établissant le champ électrique, s'il se déplace suffisamment vite pour ne pas voir la dynamique du réseau, l'ADN s'oriente et repte ; en effet, le temps caractéristique de ce dernier est maintenant le temps de déplacement longitudinal électrophorétique qui est de l'ordre de $\mu E/L$. Pour le λ à 1 $V.cm^{-1}$, ce temps est proche de celui du temps de relaxation du dextrane. L'équation (3.21) propose une estimation du CR (Tab. (3.5)).

C(%)	μ_{CR}	μ_{CR}/μ
1	$5,72$	2
2	$9,0.10^{-2}$	5.10^{-2}
5	$3,7.10^{-4}$	4.10^{-4}
10	$5,8.10^{-6}$	1.10^{-5}

TAB. 3.5 – Effet du relâchement de contraintes

D'après ces valeurs, il n'y a qu'à 1 % que le CR devrait influencer grandement la valeur de la mobilité. Or, à cette concentration, il n'y a sans doute pas encore beaucoup d'enchevêtrements (ou très peu). Ce tableau indique donc que le relâchement de contraintes peut être négligé comme mécanisme affectant majoritairement les grandeurs mesurées. On peut, d'une autre manière, évaluer la concentration en-dessous de laquelle il y a perte de séparation à partir de l'équation (3.23). On trouve $C \sim 2$ % en accord avec le tableau (3.5).

Cependant, pour des concentrations en dextrane supérieures à 2 %, on ne retrouve pas les variations prédites pour la mobilité et le coefficient de diffusion en fonction du champ électrique et de la concentration ; on en est même assez éloigné. D'après les figures (3.8) et (3.11), la dépendance avec $\xi_b \sim C^{-1}$ diminue quand le champ augmente, ce qui est le contraire de ce qui est prédit si la reptation devient dominante. De plus, D devient indépendant de ξ_b pour le λ et cette variation en ξ_b^0 est atteinte plus rapidement par le fragment de 48, 5 *kbp* que par le 4, 7 *kbp*. Ceci laisse donc supposer que, bien que le relâchement de contrainte ne semble plus dominant, on ne recouvre pas la reptation.

Flexibilité de la matrice polymère et mécanisme

Contrairement aux fibres d'un gel, les polymères neutres peuvent, sous l'action de l'ADN, être arrachés et ne constituent pas ainsi des obstacles rigides. Lorsque le champ est appliqué, le polyélectrolyte peut avancer "en force" en tirant le réseau de polymère avec lui. Ce phénomène a été effectivement vu par vidéomicroscopie ([68] ;[69] ;[70] ;[71]) : l'ADN adopte une conformation en U, mais contrairement à ce qui se passe en gel, où l'électrophore ne peut que glisser autour de la fibre, ce U se déplace. Notons que les observations réalisées par Carlsson et al. [68] portent sur le T2 en solution de PAA $M_w = 18.10^6$ et $M_w = 5.10^6$ à un champ de 6 $V.cm^{-1}$. Dans ces conditions, on a un comportement de type gel uniquement pour le plus grand PAA à une concentration $C \sim 10\ C^*$. Pour le plus petit PAA à $C \sim 4\ C^*$, ce n'est plus le cas. Dans nos solutions de dextrane, on observe que l'ADN passe successivement de conformations étirées à des conformations globulaires mais ces dernières sont beaucoup plus fréquentes. La déformation du réseau est donc également un facteur important. Fang et al. [73] ont étudié ce facteur en terme d'énergie d'activation de passage de l'ADN dans la matrice. Alors qu'en gel, cette énergie augmente avec la taille de l'ADN, elle baisse en solution de PAA, traduisant que plus l'ADN est grand, plus il peut facilement traverser les polymères enchevêtrés.

Les mesures d'orientation montrent qu'il n'y a pas d'overshoot : à l'établissement du champ électrique, il n'y a pas de surétirement et l'ADN ne s'oriente pas beaucoup ; il n'y a pas d'obstacle fixe sur lequel l'ADN va rester accroché pendant qu'il s'allonge, formant ainsi un U, jusqu'à ce qu'il finisse par glisser et s'échapper. D'autre part, la variation monotone de l'orientation avec la concentration en polymère indique qu'il n'y a pas d'effet d'orientation du tube de reptation bien que ce dernier, dans le cas $b > a$, est sans doute relativement long. Ce facteur est, en effet, responsable de la diminution de l'orientation quand C augmente [4]. La composante de l'orientation qui augmente avec C provient de l'élongation de la chaîne. Donc, celle-ci s'étire lors de collisions et/ou d'enchevêtrements provisoires avec le dextrane, mais elle n'est pas contrainte dans un tube. Dans nos solutions polymères, en même temps qu'il s'étire autour de l'ostacle, l'ADN l'entraîne avec lui.

Nous pensons donc que les molécules d'ADN ne reptent pas mais qu'elles se frayent un chemin à travers la matrice polymère. Ceci est également conforté par le fait que le régime $D \sim E^{1/2}$ est atteint par l'ADN λ pour des concentrations inférieures au seuil de recouvrement mais seulement au-delà pour le 4, 7 *kbp*. Sous l'action du champ électrique, ce ne sont pas les blobs de têtes qui déterminent le chemin que va suivre l'ADN ; chaque segment de Kuhn bouge dans la direction du champ car la matrice neutre n'est pas suffisamment rigide pour le contraindre.

Lois d'échelle du coefficient de diffusion.

D'après la figure (3.13), la variation avec E semble passer par trois régimes : $D \sim E^0$, $D \sim E^{1/2}$, $D \sim E^1$. Afin d'établir un comportement général, nous avons cherché à obtenir des courbes maîtresses pour le coefficient de diffusion. Dans le premier régime, les processus dominants sont la diffusion et le relâchement de contrainte ; on a ainsi une pente de l'ordre de -1 bien inférieure à la valeur -2 attendue pour de la reptation et il n'y a pas de dépendance en champ. Dans le deuxième régime, D est proportionnel à $(EN)^{-1/2}$: on aurait une diffusion biaisée dans la direction du champ jusqu'au troisième régime où la dépendance en N disparaît et celle en champ devient linéaire. On peut donc résumer pour nos résultats :

$$D \propto N^{-1}E^0 \tag{3.45a}$$

$$D \propto N^{-1/2}E^{1/2} \tag{3.45b}$$

$$D \propto N^0E^1 \tag{3.45c}$$

Les lois d'échelle ci-dessus montrent un comportement général de l'ADN double brins dans des solutions de dextrane semi-diluées (en dehors des points correspondant à l'ADN λ à $0,5$ %). Les exposants de la variation en N reflètent l'effet du relâchement de contraintes qui dépend de la matrice. Il serait d'ailleurs intéressant d'effectuer une étude similaire à celle de Cottet et al. [52] pour les coefficients de diffusion : en augmentant la taille des polymères neutres, on verrait dans quelle mesure les exposants se mettraient à tendre vers ceux prédits par le BRF.

Le fragment $2,1$ *kbp* présente un comportement différent des autres tailles ; nous avons noté plus haut que pour cet ADN, le relâchement de contraintes est moins important ; de plus, sa mobilité est supérieure et son coefficient de diffusion présente à 5 % une dépendance en champ électrique plus importante que pour l'ADN $4,7$ *kbp*. De manière générale, les exposants pour ce fragment sont plus proches de ceux prédits par les modèles de reptation que ceux des autres tailles d'ADN. Ceci conforte l'idée que, pour ce fragment, la reptation est moins "écrantée" par les autres phénomènes : le relâchement de contraintes, d'une part, et la déformation du réseau, d'autre part, qui est d'autant moins importante que la molécule est petite.

Ces courbes ont la même allure générale que celles obtenues en gel [67]. Nous avons pourtant montré que la reptation n'est pas le phénomène dominant ; on voit

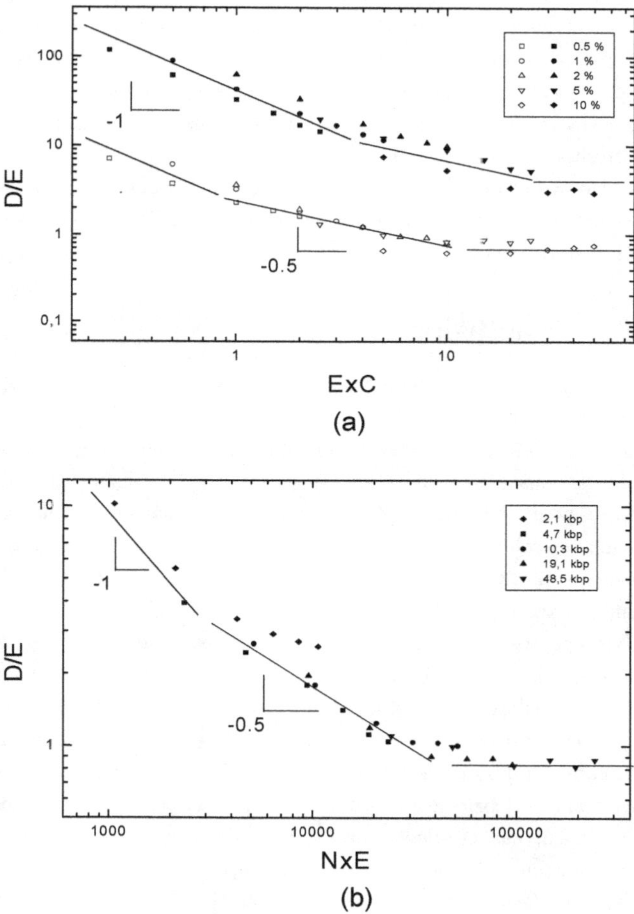

FIG. 3.20 – Courbes maîtresses pour le coefficient de diffusion de l'ADN (a) pour plusieurs concentrations en dextrane (48, 5 *kbp* : symboles couverts ; 4, 7 *kbp* : symboles pleins) ; les valeurs pour le petit fragment sont multipliées par 10 par soucis de clarté (b) en solution de dextrane 5 %. Les droites sont des guides pour les yeux.

notamment que le régime de pente $-1/2$ pour l'ADN λ commence en solution diluée et se termine en solution semi-diluée (ce qui est également visible pour d'autres concentrations sur la figure (3.12). Cependant, en semi-dilué, les accrochages entre l'ADN et le dextrane sont beaucoup plus nombreux et mènent à de la déformation des polyélectrolytes. Dans ce cas, comme dans le cas de la reptation, il y a donc un mécanisme d'accrochage sur un obstacle et de glissement autour de cet obstacle. En d'autres termes, même s'il ne s'agit pas de reptation pure, le mécanisme en solution en garde quand même quelques aspects. De plus, dans la limite des solutions très concentrées, on doit se rapprocher des prévisions du BRF. Il n'est donc pas étonnant que l'on obtienne des courbes maîtresses similaires.

3.6 Conclusion

Nous avons étudié la mobilité, l'orientation et le coefficient de diffusion de plusieurs ADN double brins en solution de dextrane $M_w = 2.10^6$ pour des concentrations variant de $C^*/10$ à $10C^*$. En solution diluée, peu de variations ont été observées mais les interactions ADN/polymères mènent à une légère augmentation du coefficient de diffusion pour les grandes tailles. Pour ce dernier, nous avons pu construire, principalement en solution semi-diluée, des courbes maîtresses et obtenir des lois d'échelle. Cependant, il n'y a pas de changement brutal pour $C = C^*$ et les changements de régimes ne correspondent pas au seuil de recouvrement.

Nous pensons donc que, dans nos conditions, le mécanisme est de même nature en solution diluée et semi-diluée comme d'autres expériences le suggèrent [17] et en accord avec le fait que le modèle de Hubert et al. s'ajuste à nos résultats jusqu'à des concentrations de 10 %. Ceci semble également raisonnable pour des raisons de continuité. En-dessous de C^*, les variations de mobilité sont dues à de brèves collisions et ainsi, le coefficient de diffusion est peu affecté et les molécules ne s'orientent pratiquement pas. Au-dessus de C^*, on a des collisions qui peuvent mener à des enchevêtrements plus nombreux et plus longs, le "réseau" étant plus rigide. Ce mécanisme est néanmoins couplé avec la reptation puisque l'on doit retrouver cette dernière dans la limite d'un réseau extrêmement résistant et immobile. Par ailleurs, il serait intéressant de voir si les exposants que nous avons obtenus pour D peuvent être retrouvés par des hypothèses autres que celles de reptation, par exemple à partir d'un mécanisme en solution diluée.

Etant donné que la nature du polymère influe moins sur la séparation [74] que sa taille et sa flexibilité, ces résultats sont applicables à des systèmes équivalents au nôtre. Ainsi, pour des solutions de polymères neutres de masse moléculaire comparable et à des rapport C/C^* du même ordre (de 1 à 10 ce qui est souvent le cas), nous pensons que les ADN double brins de taille supérieure à $1-5$ kbp ne reptent pas mais suivent plutôt le mécanisme proposé plus haut.

Chapitre 4

Solutions diluées : vitesse du dextrane

Pour les conditions expérimentales dans lesquelles nous travaillons, les variations de la mobilité de l'ADN en fonction de la masse et du champ électrique sont relativement faibles. Nous n'avons donc pas pu obtenir de ces mesures autant de renseignements que nous l'espérions quant au mécanisme en solution diluée. Nous avons imaginer une expérience "miroir" pour mesurer la vitesse à laquelle le dextrane se faisait entraîner par l'ADN. Pour celà, nous utilisons le même montage de FRAP mais, dans ce cas, l'ADN n'est pas marqué au YOYO (il est donc invisible) et le dextrane est coloré par la fluorescéine. Les oscillations et la décroissance du signal sont donc maintenant respectivement la vitesse à laquelle le dextane est entraîné et, sous certaines conditions, son coefficient de diffusion.

4.1 Principe des mesures

Afin d'évaluer l'électro-osmose, nous avions déjà réalisé des mesures de la vitesse du dextrane entraîné par ce flux. Le polymère utilisé provenait de chez Sigma et était fortement marqué à la fluorescéine à raison de 175 marqueurs par chaîne. Pour la mesure de l'électro-osmose, la concentration du dextrane était de $0,001$ % afin de ne pas avoir trop de fluorescence, ce qui peut nuire à la qualité du signal (effet de quenching). Pour l'expérience miroir, puisque nous voulions travailler à des concentrations variables et plus importantes de dextrane, il nous fallait baisser le taux de marquage des chaînes. Nous avons donc, sur des chaînes de dextrane $M_w = 2.10^6$ initialement non marquées, greffé des molécules de fluorescéine à raison de 7 à 8 marqueurs par chaîne. Pour l'ensemble des expériences présentées dans ce chapitre, ce sont avec ces molécules que nous avons travaillé .

Nous avons utilisé les mêmes cellules que celles décrites dans le premier chapitre. Afin de limiter au maximum les incertitudes, toutes les mesures ont été réalisées à des vecteurs **q** compris entre 1250 cm^{-1} et 1350 cm^{-1}, ce qui correspond à des interfranges variant de 46 μm à 50 μm. Cette gamme de largeurs de franges est plus favorable à une mesure précise de la vitesse des chaînes de dextrane. En revanche, la sortie de franges domine la relaxation du signal ; ce n'est que pour des champs suffisamment faibles que l'on peut avoir une idée de la valeur du coefficient de diffusion du dextrane.

4.2 Mesures

4.2.1 Solution pure de dextrane

Dans un premier temps, nous avons réalisé plusieurs mesures de la vitesse du dextrane marqué sans ADN pour des concentrations de 0, 001 % à 0, 1 % ainsi que de 0.2 % à 1 % mais, pour ces dernières mesures, en gardant la concentration en molécules marquées constante et égale à 0, 1 %. Voici les principales observations :

1. les signaux sont de deux types (Fig. (4.1)) : soit il y a une oscillation de faible amplitude (et jamais plus d'une) à partir de laquelle on peut estimer une valeur du flux d'électro-osmose comprise entre 0, 1 et $0,4.10^{-4}$ $cm^2.V^{-1}.s^{-1}$; sur l'ensemble des mesures, ceci correspond à une valeur moyenne de $0,2.10^{-4}$ $cm^2.V^{-1}.s^{-1}$; soit il n'y a pas d'oscillation et le signal ressemble à une exponentielle décroissante mais dont le temps caractéristique est plus rapide que celui obtenu en l'absence de champ.
2. pour des champs électriques inférieurs à 2 ou 3 $V.cm^{-1}$, les signaux restent des exponentielles décroissantes dont le temps caractéristique est égal à sa valeur en l'absence de champ.
3. pour des champs électriques supérieurs à 20 $V.cm^{-1}$, les signaux présentent rarement une oscillation. Le temps caractéristique de la pseudo-exponentielle décroît avec le champ électrique.
4. Le caractère exponentiel du signal est de moins en moins marqué quand la concentration en dextrane augmente.

Quelques signaux sont représentés sur les figures (4.1).

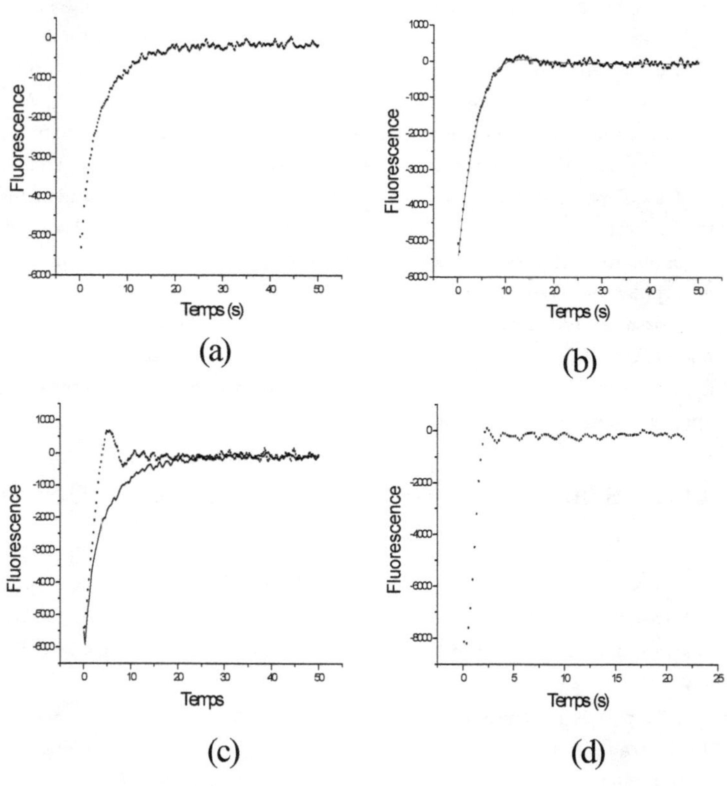

FIG. 4.1 – Signaux de FRAP pour le dextrane à 0,001 % : a) à 2 $V.cm^{-1}$ b) à 5 $V.cm^{-1}$ (l'ajustement - ligne continue - donne $\mu_{eof} = 0,1.10^{-4}$ $cm^2.V^{-1}.s^{-1}$) c) à 20 $V.cm^{-1}$ (la ligne continue représente le signal à champ nul et $\mu_{eof} = 0,2.10^{-4}$ $cm^2.V^{-1}.s^{-1}$) d) à 50 $V.cm^{-1}$.

En principe, l'électro-osmose doit mener à un écoulement de type "bouchon". Or, la seule façon d'expliquer ces observations est d'invoquer un profil de vitesse, engendré par le flux électro-osmotique dans le capillaire, de type parabolique ; en effet, dans ce cas, les molécules de dextrane ne bougent pas toutes à la même vitesse, ce qui a pour conséquence d'accélerer le recouvrement des franges ; la différence de vitesse entre les molécules entraînées le plus rapidement est celles entraînées le plus lentement dépend alors du champ électrique. Ainsi, le temps apparent de la décroissance de l'amplitude du signal est fortement diminué au fur et à mesure que le champ augmente. Dans nos expériences, ce temps devient dominant par rapport au temps de diffusion pour des champs électriques supérieurs à 10 $V.cm^{-1}$.

Ce qui pourrait expliquer que l'électro-osmose mène à un écoulement non uniforme serait la recirculation du fluide. Mais la cellule que nous utilisons, c'est-à-dire un capillaire connecté à deux réservoirs, a justement été conçue pour éviter ce type de problèmes. C'est pourquoi la raison d'un écoulement non-uniforme dans le capillaire n'est pas très claire. Cependant, quelle qu'elle soit, les résultats obtenus pour l'ADN (Fig (2.2)) montrent que, dans ce cas, son effet n'est pas important ; le polyélectrolyte se déplace bien plus rapidement que le flux électro-osmotique qui apparaît alors comme une faible perturbation.

4.2.2 Solution de dextrane fluorescent et d'ADN non marqué

Dans la suite, par analogie avec la mobilité électrophorétique, nous utiliserons le terme de mobilité (représenté par μ_{pol}) pour définir le rapport de la vitesse du dextrane par le champ électrique, bien que ces deux grandeurs soient d'origine différente.

D'après les résultats précédents, il devrait être possible de mesurer la vitesse du dextrane induite par l'ADN pour des champs électriques inférieurs à 5 $V.cm^{-1}$ pour lesquels les signaux ne sont pratiquemment pas perturbés et montrent une relaxation exponentielle avec un temps égal à celui obtenu en l'absence de champ. Pour ces champs, la période des oscillations (plus de 20 s.) est bien plus élevée que le temps de relaxation exponentiel (environ 8 s.) et, de ce fait, nous n'obtenons donc qu'une estimation de la vitesse du dextrane (Fig. (4.2)) indiquant déjà une mobilité clairement supérieure à celle de l'électro-osmose.

Nous avons donc augmenté le champ électrique afin de voir s'il était possible de mesurer la vitesse du dextrane pour des valeurs de E plus élevées. La figure (4.3)

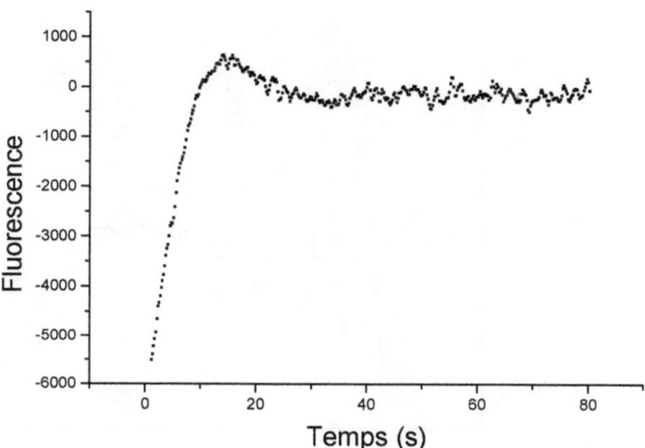

FIG. 4.2 – Signal pour le dextrane à la concentration de $0,2$ % en présence d'ADN λ à 2 $V.cm^{-1}$. L'oscillation donne une mobilité de l'ordre de $0,6$ $cm^2.V^{-1}.s^{-1}$.

montre les signaux obtenus pour des solutions de dextrane à $0,05$ % et $0,2$ % ($E = 50$ $V.cm^{-1}$) avec de l'ADN λ à 5 $\mu g.ml$. Les mobilités mesurées sont respectivement $(0,84 \pm 0,05).10^{-4}$ $cm^2.V^{-1}.s^{-1}$ et $(0,62 \pm 0,05).10^{-4}$ $cm^2.V^{-1}.s^{-1}$. Par contre, les temps de décroissance exponentielle sont plus rapides qu'à $E = 0$. Sur la figure (4.3a), le signal est clairement gaussien traduisant une décroissance due à la sortie des franges du faisceau de lecture, ce qui est normal pour les valeurs de $\mathbf{q}$ et E utilisées. On constate également qu'en présence d'ADN, l'amplitude des oscillations est bien plus importante (cf Fig. (4.1)).

La comparaison entre ces signaux et ceux obtenus pour des solutions de dextrane fluorescent pur nous mène aux conclusions suivantes :

1. le dextrane se fait entraîner par l'ADN.
2. les phénomènes qui pertubent les mesures quand il n'y a pas d'ADN deviennent moins importants en sa présence. On pourrait aussi dire que les molécules de dextrane qui sont en contact avec l'ADN y sont moins sensibles.

Il est alors intéressant d'effectuer un certains nombre de mesures en faisant varier la concentration du dextrane, celle de l'ADN ainsi que sa taille pour en déduire des

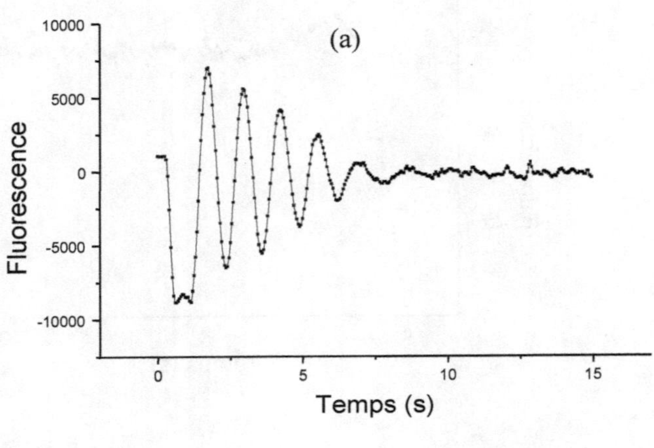

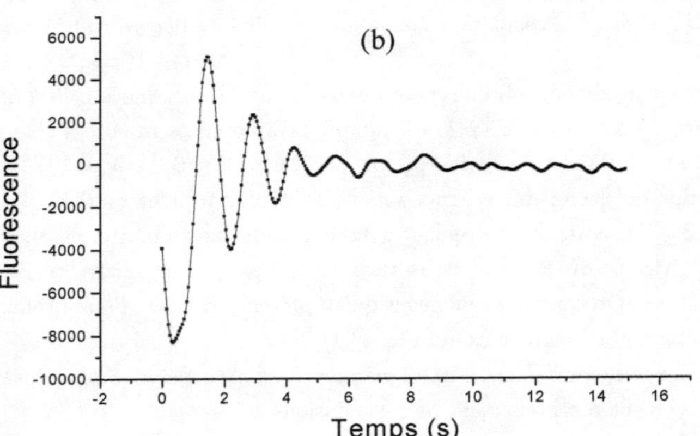

FIG. 4.3 – Signaux obtenus pour a) une solution de dextrane 0, 05 % avec de l'ADN λ (5 $\mu g.ml$) et b) une solution de dextrane 0, 2 % avec de l'ADN λ (5 $\mu g.ml$) à $E = 50\ V.cm^{-1}$

informations quant au mécanisme.

A ce stade, on peut se demander qu'elle doit être la forme des signaux que l'on s'attend à observer. On peut considérer que tout va se passer comme si nous avions deux populations de molécules de dextrane : la première est entraînée par l'ADN avec une vitesse moyenne $\mu_{pol}E$; la deuxième n'interagit pas avec le polyélectrolyte et est entraînée par le flux électro-osmotique à la vitesse $\mu_{eof}E$. On peut supposer de plus que ces deux populations ont un temps caractéristique de diffusion égal. Nous représentons sur la figure (4.4) les prévisions pour différents taux de dextrane entraîné. Nous avons choisi $\mu_{pol}/\mu_{eof} = 4$. Pour avoir un signal de type sinusoïde amortie, il est nécessaire qu'au moins 50 % du dextrane soit entraîné en moyenne. Pour pratiquement toutes les mesures que nous avons réalisées, c'est ce que nous avons observé.

A partir de cela, il est de plus possible d'estimer la fraction de dextrane entraîné en comparant l'amplitude I_1 du premier pic avec l'intensité initiale I_0. Bien que la valeur de I_1 soit affectée par la décroissance dus signal, on peut , puiqu'on travaille à des valeurs de $\mathbf{q}$ très proches, comparer ces rapports pour un même champ électrique; en effet, la décroissance de l'amplitude du signal, qui correspond à la diffusion en l'absence de champ, ne dépend probablement que de celui-ci. Pour être plus précis, on peut également, connaissant le temps de décroissance, supprimer l'enveloppe exponentielle. Nous avons représenté sur la figure (4.5) le rapport I_1/I_0 pour plusieurs solutions ADN/dextrane. Le fragment $48,5$ kbp est aux concentrations de 5 $\mu g.ml^{-1}$, $0,5$ $\mu g.ml^{-1}$ (dil) et $0,05$ $\mu g.ml^{-1}$ (10xdil). Pour l'ADN $2,1$ kbp à la concentration de $0,25$ $\mu g.ml^{-1}$ ainsi que pour l'ADN λ à $0,5$ $\mu g.ml^{-1}$ dans une solution à $C = 0,1$ % en dextrane, ce rapport est nettement inférieur aux autres échantillons. Pour les autres solutions ADN/dextrane présentées sur la figure (4.5), il ne semble pas y avoir d'effet important des concentrations. Rappelons que la valeur $I_1/I_0 = 0$ représente a priori le cas où 50 % du dextrane est entraîné (cf Fig. 4.4).

Certains signaux présentent une période d'oscillation irrégulière : la vitesse du dextrane diminue avec le temps et elle peut chuter de 50 % en une dizaine de secondes. Un exemple est présenté sur la figure (4.6). Dans un premier temps, nous avons pris la valeur moyenne de la période pour calculer la mobilité. Dans un deuxième temps, pour avoir une estimation de ce ralentissement, nous avons ajusté les signaux avec une sinusoïde amortie (eq. (1.6)) en remplaçant le paramètre T par une fonction affine $T_0 + \chi t$.

Sur la figure (4.7), nous représentons le taux de ralentissement χ pour des solutions de dextrane à diverses concentrations en présence d'ADN λ à la concentration

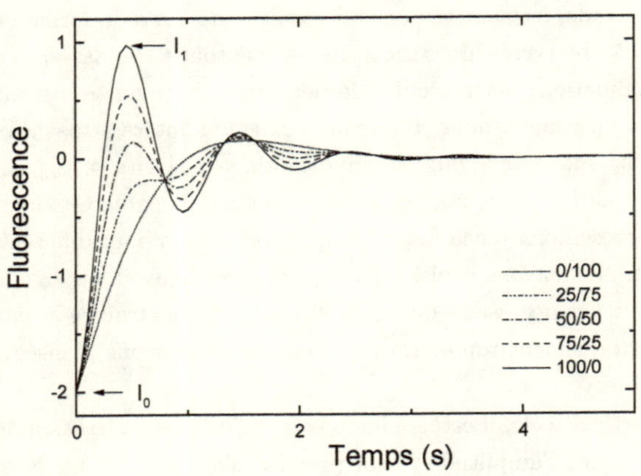

FIG. 4.4 – Signaux de FRAP simulés pour différentes fractions de dextranes entra îné (chiffre de gauche) et de dextrane non entraîné (chiffre de droite) par l'ADN.

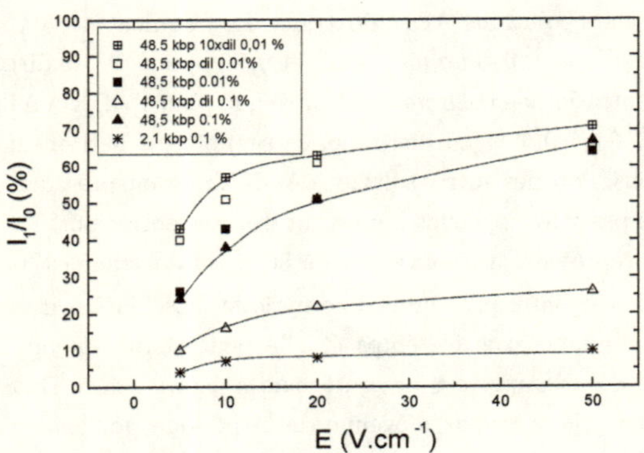

FIG. 4.5 – Rapport de l'amplitude de la première oscillation par le maximum du signal en fonction du champ électrique.

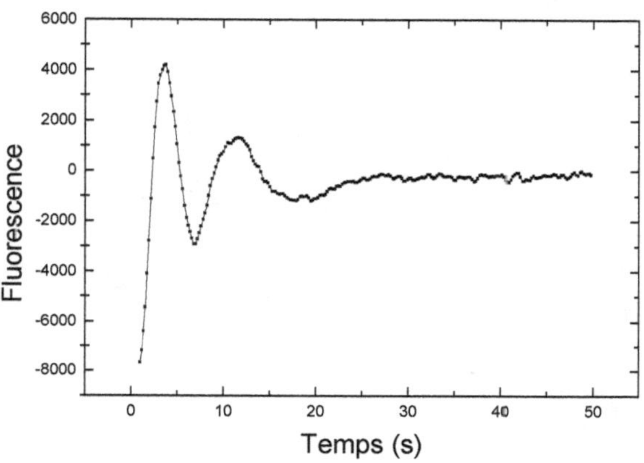

FIG. 4.6 – Signal pour le dextrane à 1 % en présence d'ADN λ à 5 $\mu g.ml^{-1}$.

5 $\mu g.ml^{-1}$. On s'aperçoit que ce taux de ralentissement diminue avec la concentration en dextrane et avec le champ électrique. Pour chaque concentration, on pourrait déterminer un champ critique pour lequel ce ralentissement devient nul.

Incertitudes sur les mesures

Avant de présenter les résultats, il faut aborder le problème de la reproductibilité des mesures. Pour quelques solutions, nous avons effectué deux séries de mesures sur des échantillons différents ; on retrouve les mêmes résultats pour la mobilité du dextrane fluorescent dans la fourchette $\pm 0,15\ cm^2.V^{-1}.s^{-1}$. Cette variation correspond à l'écart entre les extrêma des valeurs mesurées du flux électro-osmotique. D'autre part, pour une expérience donnée ($\mu_{pol} = f(E)$), la reproductibilité est bonne ($<$ 5 %). Nous ne représenterons pas de barres d'erreur sur les figures pour ne pas les surcharger.

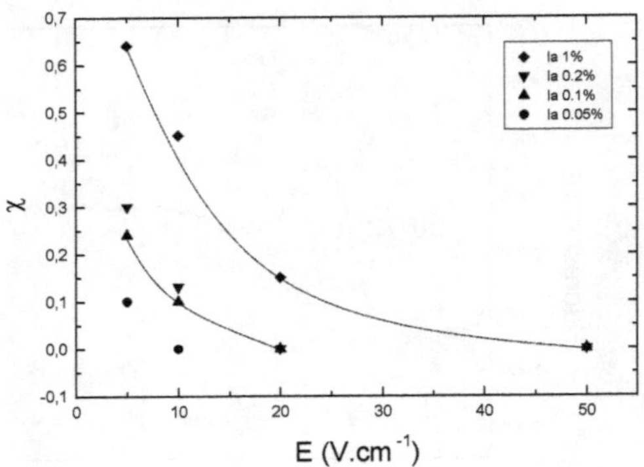

FIG. 4.7 – Taux de variation de la période des oscillations en fonction du champ électrique.

4.3 Résultats

4.3.1 Quelques chiffres

Pour permettre de se faire une idée plus précise sur les situations respectives de l'ADN et du dextrane en solution, voici quelques ordres de grandeur.

ADN

Les fragments $48,5$ *kbp* et $2,1$ *kbp* ont respectivement (cf Tab (1.1)) un rayon de giration de 560 nm et 100 nm (déterminés à partir de l'équation de Benoit et Doty (1.8)) et une longueur de contour de $16,5$ et $0,7$ μm. Notons M la masse moléculaire de l'ADN, C_n^{ADN} sa concentration en nombre, v^{ADN} le volume qu'il occupe et $\phi_{ADN} = C_n^{ADN} v^{ADN}$ sa fraction volumique. Le tableau (4.1) donne les valeurs de ces différentes grandeurs pour ces deux fragments.

	48, 5 kbp	2, 1 kbp
M $(g.mol^{-1})$	$3,30.10^7$	$1,45.10^6$
v^{ADN} (nm^3)	$7,36.10^8$	$4,18.10^6$
C_n^{ADN} $(molécules.nm^{-3})$	(à 5 $\mu g.ml^{-1}$) $9,15.10^{-11}$	(à 0, 25 $\mu g.ml^{-1}$) $1,04.10^{-10}$
ϕ_{ADN} (%)	6, 7	4, 4

TAB. 4.1 – Masse moléculaire, volume moléculaire et concentration en nombre de l'ADN

Dextrane

Le dextrane a une masse moléculaire de 2.10^6 $g.mol^{-1}$ et comporte environ 13500 monomères. Son rayon de giration est de 42 nm, sa longueur de 4, 5 μm et son volume moléculaire est $v^{pol} \simeq 3,10.10^5$ nm^3. On peut évaluer sa concentratrion en nombre pour les différentes concentrations utilisées, sa fraction volumique ϕ_{pol} ainsi que la distance moyenne entre deux molécules de dextrane l.

C (%)	0, 01	0, 05	0, 1	0, 2	1
C_n $(molécules.nm^{-3})$	$3,01.10^{-8}$	$1,51.10^{-7}$	$3,01.10^{-7}$	$6,02.10^{-7}$	$3,01.10^{-6}$
l (nm)	400	233	185	147	86
ϕ_{pol} (%)	0, 9	4, 7	9, 3	18, 7	93, 3

TAB. 4.2 – Concentration en nombre du dextrane

On constate que le nombre de molécules de dextrane par molécule d'ADN est très élevé. Ceci apparaît dans le tableau (4.3), à partir des rapports des concentrations. On pourrait estimer grossièrement le nombre de molécules de dextrane entraînées en multipliant ces valeurs par le rapport I_1/I_0, après avoir corriger ce dernier en éliminant la décroissance exponentielle. Cependant, étant donné que pour la plupart des échantillons on trouve des taux d'entraînement de plus de 60 %, cela ne modifierait les valeurs du tableau (4.3) que d'un facteur 2 au mieux et les ordres de grandeurs ne seraient pas modifiés.

C (%)	$48,5$ kbp (a)	$48,5$ kbp (b)	$48,5$ kbp (c)	$2,1$ kbp (d)
$0,01$	330	3300	33000	290
$0,05$	1650			
$0,1$	3300	33000		2900
$0,2$	6600			
1	33000			

TAB. 4.3 – Nombre de molécules de dextrane par molécule d'ADN à (a) 5 $\mu g.ml^{-1}$ (b) 0,5 $\mu g.ml^{-1}$ (c) 0,05 $\mu g.ml^{-1}$ (d) 0,25 $\mu g.ml^{-1}$

4.3.2 Commentaires

Sur la figure (4.8), on représente la mobilité du dextrane à différentes concentrations en présence d'ADN $48,5$ kbp à 5 $\mu g.ml^{-1}$. Elle montre que, globalement, la mobilité du dextrane est indépendante de C en dilué mais diminue au voisinage de C^*. Pour les concentrations inférieures à $0,1$ %, il n'y a pas de dépendance avec le champ électrique ; au-delà de cette concentration, il y a une augmentation de la mobilité avec E jusqu'à environ 20 $V.cm^{-1}$. Ceci est aussi visible sur les figures (4.9) et (4.10). La figure (4.9) représente la mobilité pour une concentration en dextrane de $0,01$ % à des concentrations en ADN λ variant de $0,05$ $\mu g.ml^{-1}$ à 5 $\mu g.ml^{-1}$: on voit que la mobilité du dextrane est plus faible pour des concentrations en ADN de 5 $\mu g.ml^{-1}$ que pour $0,5$ ou $0,05$ $\mu g.ml^{-1}$, ce qui a priori est assez étonnant. La figure (4.10) abonde dans le même sens : à nombre égal de chaînes par unité de volume, le dextrane va plus vite en présence des petits ADN que des grands (mais d'après la figure (4.5), le petit ADN entraîne beaucoup moins de dextrane). La figure montre l'effet de la taille des deux fragments $48,5$ kbp et $2,1$ kbp aux concentrations en dextrane fluorescent de $0,1$ % et $0,01$ % ; la concentration de l'ADN $2,1$ kbp est $0,25$ $\mu g.ml^{-1}$; cette dernière concentration correspond au même nombre de chaînes par unité de volume que pour le λ à 5 $\mu g.ml^{-1}$.

Finalement, il n'y a pas beaucoup de tendances qui se dégagent de ces résultats et certaines d'entre-elles sont assez surprenantes.

4.4 Discussion

Au vu des résultats surprenants obtenus, nous avons dans un premier temps chercher à déceler l'existence éventuelle d'artefacts.

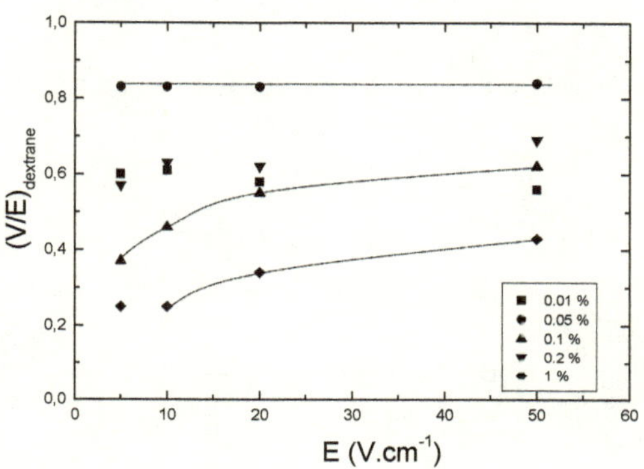

FIG. 4.8 – Effet de la concentration du dextrane sur sa mobilité en présence d'ADN λ à 5 $\mu g.ml^{-1}$ à différents champs électriques.

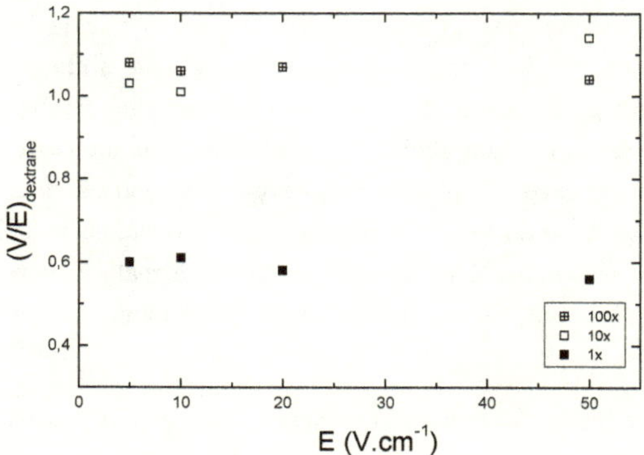

FIG. 4.9 – Mobilité du dextrane à la concentration $0,01$ % pour des concentrations en ADN λ de 5 $\mu g.ml^{-1}$(1x), $0,5$ $\mu g.ml^{-1}$(10x) et $0,05$ $\mu g.ml^{-1}$(100x).

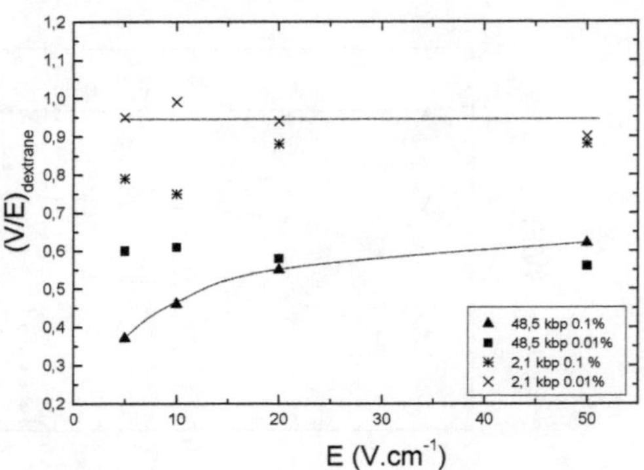

FIG. 4.10 – Effet de la taille de l'ADN sur la mobilité du dextrane pour les concentrations 0, 01 % et 0, 1 %. La concentration de l'ADN 48, 5 *kbp* est 5 $\mu g.ml^{-1}$ et celle du 2, 1 *kbp* 0, 25 $\mu g.ml^{-1}$.

4.4.1 Electro-osmose

Ces comportements pourraient être expliqués par la présence d'un fort flux électro-osmotique. En effet, si ce phénomène était dominant, les molécules de dextrane iraient globalement dans le sens contraire de l'ADN ; dans ce cas, on comprendrait assez bien que, moins il y a d'ADN pour interagir avec le dextrane et le pousser vers la cathode, plus ce dernier va vite, migrant dans la direction opposée. Afin de répondre à cette question, nous voulions étudier le déplacement du dextrane par vidéomicroscopie. Nous n'avons pas réussi à réaliser cette étude pour l'instant. Cependant, il y a un certain nombre de faits qui montrent que cette hypothèse n'est pas très plausible :

1. la différence importante entre les signaux observés avec des solutions de dextrane pures et ceux des solutions dextrane/ADN.

2. toutes les mesures du flux électro-osmotique que nous avons pu réaliser donnent une valeur moyenne de l'ordre de 0, 2 $cm^2.V^{-1}.s^{-1}$. Or, les valeurs de mobilité du dextrane sont généralement bien supérieures à cette valeur.

3. la valeur la plus élevée de mobilité mesurée est environ 1, 4 $cm^2.V^{-1}.s^{-1}$ et

plusieurs autres sont de l'ordre de $1,0\ cm^2.V^{-1}.s^{-1}$. Si l'électro-osmose était principalement responsable du déplacement du dextrane, sa valeur serait alors au moins de cet ordre. Or, nous avons effectué un grand nombre de mesures de mobilité de l'ADN en solution pure et la plupart d'entre elles sont comprises entre $4,0\ cm^2.V^{-1}.s^{-1}$ et $4,4\ cm^2.V^{-1}.s^{-1}$ ce qui est en bon accord avec d'autres mesures ([1], [35]).

Il n'est donc pas, a priori, possible que le flux électro-osmotique atteigne des valeurs si élevées.

4.4.2 Quelques remarques

D'après nos signaux expérimentaux et la figure (4.5), pratiquemment toutes les molécules de dextrane se déplacent à la mobilité moyenne mesurée. Or, d'après le tableau (4.3), le nombre de molécules que doit entraîner chaque ADN est énorme. De plus, nous avons montré dans le Chapitre 2 que la mobilité de l'ADN ne baissait pas beaucoup aux concentrations inférieures à C^* : pour l'ADN λ à 20 $V.cm^{-1}$, elle passe de $4,20\ cm^2.V^{-1}.s^{-1}$ à $C = 0\ \%$ à $3,92\ cm^2.V^{-1}.s^{-1}$ à $C = 0,1\ \%$, soit une variation de l'ordre de 7 %. Or, à cette concentration, il y a environ 3300 molécules de dextrane pour une d'ADN.

Le coefficient de friction d'une chaîne d'ADN est, puisqu'il est *free-draining* :

$$\zeta_{ADN} \simeq 2\pi\eta L \tag{4.46}$$

Si on suppose que, lors des collisions, le dextrane ne s'étire pas, sa friction est :

$$\zeta_p \simeq 6\pi\eta R_{pol} \tag{4.47}$$

Ainsi, pour augmenter la friction sur l'ADN λ d'environ 10 %, il suffit de $0,1.\frac{\zeta_{ADN}}{\zeta_{pol}}$ molécules de dextrane, ce qui fait en fait environ 10.

Etant donné qu'il ne semble pas y avoir de dépendance systématique de la mobilité du dextrane avec la concentration en ADN et que le nombre de dextrane par molécules d'ADN est très élevé, un mécanisme d'accrochage/collision du dextrane sur ce dernier est difficilement imaginable ; la friction supplémentaire devrait, en effet, entraîner une forte baisse de la mobilité de l'ADN. Il faudrait plutôt chercher du côté de phénomènes d'entraînement collectifs plutôt que de celui d'une interaction binaire ADN/dextrane.

Plaçons-nous dans le cas extrême où toute la friction d'une molécule d'ADN serait transmise à plusieurs molécules de dextrane. L'ADN se déplace à la vitesse μE

($\sim 4,0\ cm^2.V^{-1}.s^{-1}$) et le dextrane à une vitesse $\mu E/5$ ($\sim 0,8\ cm^2.V^{-1}.s^{-1}$). Dans ce cas, le nombre de molécules de dextrane qui pourraient migrer à cette vitesse serait de l'ordre de 600 molécules. En terme d'ordre de grandeur, on se rapproche des valeurs du tableau (4.3), mais, évidemment, on ne peut négliger la dissipation visqueuse. Imaginer un entraînement du dextrane par l'ADN, par exemple, par le biais d'interactions hydrodynamiques n'est donc pas immédiat, d'autant plus que l'ADN est *free-draining (* en tout cas tant qu'il est seul).

Revenons sur la figure (4.8) où l'on voit que la vitesse du dextrane augmente avec le champ électrique avant de saturer. Ceci est corrélé avec le fait qu'on observe une légère augmentation de la mobilité de l'ADN en fonction du champ en mesures "directes" ; ces variations très faibles sont dans les barres d'erreur mais elles sont régulières. D'autre part, la vitesse du dextrane diminue avec le temps, ce qui n'est pas observé pour l'ADN. Le taux de ralentissement du dextrane devient nul pour une valeur de E qui dépend de la concentration (4.7). Dans le cadre d'interactions binaires ADN/dextrane, cela laisse penser que la durée des interactions diminue avec le champ électrique pour des valeur de E inférieure à une valeur critique ; dans ce cas, plus l'ADN va vite, moins il interagit avec le dextrane.

4.4.3 Conclusion

Au stade actuel, nous n'arrivons pas à expliquer les variations que nous observons. Beaucoup de questions pourraient trouver une réponse dans des observations par vidéomicroscopie : on saurait ainsi si le dextrane bouge globalement dans le même sens ou dans le sens contraire de l'ADN. Nous espérons pouvoir réaliser cette étude prochainement. On peut néanmoins anticiper sur les deux réponses possibles à cette question : si c'est dans le sens inverse, pourquoi le flux électro-osmotique devient-il plus important en solution de dextrane avec de l'ADN ? L'ADN peut-il modifier la charge de surface des parois du capillaire ? Le fait de travailler à de faibles concentrations a-t-il un effet ? A priori, des réponses négatives à ces questions ont été apportées dans les chapitres précédents. Alors, si le dextrane se déplace dans le même sens que l'ADN, on en revient au problème de l'explication des résultats observés et de leur apparente incompatibilité avec les mécanismes proposés pour décrire l'électrophorèse en solution diluée.

Par ailleurs, il semble que la durée des interactions entre l'ADN et le dextrane soient, sous certaines conditions, dépendante du champ électrique.

Conclusion

Dans ce travail, nous avons abordé le problème de la migration électrophorétique de l'ADN en solution. Nous avons choisi un système "modèle" ADN double brins/dextrane 2.10^6. Nous nous sommes intéressés à la compréhension des mécanismes mis en oeuvre en mesurant simultanément, à chaque fois que cela était possible, la mobilité, l'orientation et, pour la première fois, le coefficient de diffusion des molécules. Grâce à cette dernière grandeur, nous avons notamment pu apporter des informations complémentaires à celles obtenues à partir de la mobilité.

L'étude en solution pure d'ADN a constitué la première étape de ce travail. C'est également la limite expérimentale puisque c'est dans ces conditions que les mesures sont les plus délicates. Nous avons ainsi pu vérifier la qualité de nos résultats. Ceux-ci ont confirmé que le coefficient de diffusion est indépendant du champ électrique. De ce fait, nous avons montré que la relation de Nernst-Einstein utilisée fréquemment dans le cadre de l'électrophorèse n'est pas valable lors de l'électrophorèse en solution pure. En effet, alors que la mobilité électrophorétique dépend de la distribution de contre-ions environnant la molécule, la diffusion en est indépendante et ceci est cohérent avec sa définition. En faisant bouger seulement les contre-ions, on observerait peut-être qu'ils écranteraient les interactions hydrodynamiques et peut-être verrait-on un coefficient de diffusion qui deviendrait linéaire avec la taille de l'ADN. Nous proposons d'effectuer cette expérience en appliquant un champ électrique pulsé de fréquence telle que les segments de Kuhn ne soient pas affectés ; par contre, les contre-ions oscilleraient avec le champ.

Nous avons ensuite étudié l'électrophorèse de l'ADN en solution de dextrane, ce polymère neutre et soluble ne présentant que des interactions minimales avec les acides nucléiques et ne conduisant donc pas à de la complexation ou de l'aggrégation. Nos mesures ont mis en évidence une forte dépendance du coefficient de diffusion en fonction du champ électrique, de la concentration et de la taille de l'ADN, principalement en semi-dilué. Ces mesures de D apportent une vision complémentaire sur les mécanismes à celle que l'on trouve dans la littérature, essentiellement basée sur les mesures de mobilité. Ainsi, à partir de celles-ci et de nos résultats, nous suggérons que, dans nos conditions expérimentales, le mécanisme principal est du type simple collision en solution diluée et enchevêtrement provisoire avec déformation du réseau en semi-diluée. A champ faible, pour les plus grandes masses, la reptation est masquée par le relâchement de contraintes. A champ plus fort, les polymères neutres ne forment pas de réseau suffisamment résistant pour obliger l'ADN à repter : ce dernier migre en les entraînant avec lui, déformant ainsi la matrice. Nos mesures de coefficients de diffusion se sont montrées qualitativement en accord avec les modèles proposés jusqu'ici et nous ont, de plus, permis d'apporter un éclairage supplémentaire quant aux contributions relatives des différents mécanismes à l'œuvre.

Il serait intéressant d'étudier la dynamique de l'ADN dans des solutions de polymères neutres portant des extrêmités hydrophobes ; on empêcherait ainsi les chaînes de se translater mais pas de fluctuer et de se déformer ; on aurait ainsi un milieu intermédiaire entre les gels et les solutions ; on éliminerait le relâchement de contraintes (lié à la diffusion des chaînes) ce qui permettrait d'étudier plus en détail l'effet de l'élasticité même du réseau de polymères neutres.

Grâce à la technique de FRAP, nous avons directement mis en évidence et mesuré la vitesse à laquelle l'ADN entraînait le polymère neutre. Cette approche devrait permettre une analyse plus fine des interactions entre le polyélectrolyte et le polymère. En ce qui concerne les résultats que nous avons obtenus, ils ont montré un comportement un peu erratique que nous avons du mal à expliquer pour l'instant. Le sens des quelques variations observées n'est, de plus, pas forcément en accord avec les mécanismes proposés jusqu'à présent pour rendre compte de la séparation de l'ADN dans des solutions de polymères dilués. En l'état, nos observations sont en tout cas peu compatibles avec un couplage binaire ADN/dextrane.

Etant donné que la forme des courbes de mobilité en solution est très générale, il est possible, à partir d'hypothèses différentes, d'obtenir des expressions analytiques de μ en fonction des différents paramètres qui donnent qualitativement les mêmes prévisions. Cette vision globale qui se dégageait de l'étude de D et μ a été sérieusement bousculée par nos mesures de vitesse du dextrane ; que ce soit dû à un artefact ou pas, il y a, a priori, une certaine incompatibilité entre les expériences "directes" et celles "miroir", traduisant que la situation en solution semble être bien plus complexe qu'on ne peut le supposer.

Un aspect intéressant de nos résultats est que nous avons pu mener à bien la détermination de grandeurs nouvelles. Il sera donc désormais possible à partir de cette étude d'en mener d'autres sur des systèmes tels que l'ADN simple brin/PAA utilisés pour le séquençage. D'autre part, on pourra aussi, à partir de ces approches indépendantes (D et μ_{pol}), examiner l'influence de paramètres tels que la polydispersité du polymère neutre ou le rapport du rayon de giration de l'ADN à celui du dextrane.

Annexe A

Reptation biaisée avec fluctuations

La partie suivante est basée sur l'approche de Slater et al. [48] conjointement avec les développements de Séménov et al. [51].

Le milieux de séparation :

Le gel est considéré comme un ensemble de pores interconnectés. La taille moyenne de ces pores est a. Le gel constitue donc un réseau tridimensionnel permanent.

La molécule d'ADN :

Elle est caractérisée par sa longueur de Kuhn b et son rayon de giration R_g, ainsi que le nombre de segments de Kuhn qu'elle contient N_k et que sa longueur de contour $L = N_k b$.On suppose que $a \gg R_g \gg b$, ce qui est généralement le cas, l'ordre de grandeur des pores d'un gel d'agarose étant de quelques milliers d'angströms [11]. La molécule adopte donc en l'absence de champ une conformation gaussienne $R_g \backsim N_k^{1/2}$.

Reptation en l'absence de champ :

On suppose que la chaîne ne peut diffuser que par ses extrémités ; elle est comme enfermée dans un tube formé par les fibres du gel et ne peut en sortir que par "glissement" par les bouts. On exclut ainsi tout mouvement transversal à l'axe du tube. Ce dernier a une longueur supposée fixe.

La chaîne est vue comme une suite de blobs, chaque blob correspondant ici à un pore du gel. Finalement, on remplace chaque blob par un segment de taille a. Si L_t est la longueur du tube, on a la relation $L_t = N_g a$, N_g étant le nombre de pores occupés par la molécule. Etant donné que les distances bout-à-bout du tube et de la chaîne doivent être égale, obtient $N_g = N_k\left(\frac{a}{b}\right)^{-2}$.

La théorie de la reptation donne le coefficient de diffusion du tube et son temps de relaxation :

$$D_t = \frac{k_B T}{N_g \zeta_b} \tag{A.1}$$

$$\tau_d = \frac{L_t^2}{2D_t} = \frac{\zeta_b a^2 N_g^3}{2k_B T} \tag{A.2}$$

ζ_b est la friction sur un blob. D'après l'équation (A.1), le tube se comporte comme une chaîne de Rouse de N billes, qui sont ici les blobs.

Le modèle :

Le modèle étant basé sur la reptation, le mouvement est donc curvilinéaire, le long de l'axe tube ; les extrémités du tube diffusent et crééent ainsi un nouveau tube Sous l'effet du champ électrique, que l'on suppose suffisamment faible, les extrêmités s'orientent dans la direction du champ. Un des bouts s'impose et entraîne toute le chaîne derrière lui. Tout mouvement latéral hors du tube est exclu (pour un champ faible, de telles hernies sont entropiquement défavorables c'est-à-dire (voir plus bas) $\varepsilon \ll 1$). De plus, on suppose que la chaîne garde une conformation gaussienne et que la longueur du tube ne fluctue pas.

Définitions et paramètres :

Introduisons d'abord les paramètres importants :

q est la charge électrique totale de la portion de chaîne contenue dans un blob de taille a .

h_x est la projection du vecteur bout-à-bout de la chaîne sur l'axe x, direction du champ électrique.

$\varepsilon = \frac{\mu_0 \eta_s E a^2}{2k_B T}$ est le champ réduit (sans dimension) en tenant compte des interactions électrohydrodynamiques [2].

$\tau_b = \frac{\zeta_b a^2}{2kT}$ est le temps de relaxation d'un blob

Dans l'approche de Slater, on suppose que la chaîne diffuse par sauts aléatoires : les extrêmités effectuent un déplacement de longueur a dans une direction ou dans l'autre. Le champ électrique introduit une probabilité plus importante pour le saut dans son sens. Les probabilités p_+ et p_- d'effectuer un saut dans le sens du champ ou dans le sens contraire sont données par :

$$p_\pm = \frac{e^{\pm\delta}}{e^{\delta} + e^{-\delta}} \tag{A.3}$$

où δ est le biais introduit par le champ électrique [75]

$$\delta = \frac{\mu_0 \eta_s a E h_x}{2k_B T} = \frac{\varepsilon h_x}{a} \tag{A.4}$$

Le temps moyen d'un saut est donné par :

$$\tau_\pm = \frac{\tanh(\delta)}{\delta} N_g \tau_0 \tag{A.5}$$

Ainsi, quand δ est petit, on retrouve un temps brownien τ_b, et pour des grandes valeurs de δ, $\tau_\pm = N_g \tau_0 / \delta$.

Mobilité électrophorétique :

soit s l'abscisse curviligne le long de l'axe du tube. Le déplacement moyen de la chaîne lors d'un saut le long du tube est :

$$\Delta s = (p_+ - p_-)a = a.\tanh(\delta) \tag{A.6}$$

et donc, sa projection suivant le champ électrique est :

$$\Delta x = \frac{h_x}{L_t} \Delta s = \frac{a}{N_g \varepsilon} \delta.\tanh(\delta) \tag{A.7}$$

En prenant la moyenne sur la conformations de $\Delta x / \tau_\pm$, on obtient la vitesse, qui dépend de N et ε :

$$v(N_g, \varepsilon) = \left\langle \frac{\Delta x}{\tau_\pm} \right\rangle = \frac{\varepsilon}{N_g^2 a \tau_0} \left\langle h_x^2 \right\rangle \tag{A.8}$$

La projection sur l'axe x du vecteur bout-à-bout est :

$$h_x = a \sum_{i=1}^{N} \cos\theta_i \tag{A.9}$$

θ_i étant l'angle de projection du i-ème segment. On en déduit (en supposant qu'il n'y a pas de corrélation entre segments successifs) :

$$\left\langle h_x^2 \right\rangle = a^2 \left[N_g \left\langle \cos^2\theta \right\rangle + N_g(N_g - 1) \left\langle \cos\theta \right\rangle^2 \right] \tag{A.10}$$

Il reste donc à évaluer les moyennes d'ordre 1 et 2 de $\cos\theta$. Pour cela, on écrit que la section de tête de la chaîne s'oriente dans le champ électrique, puis on suppose que cette orinetation est gouvernée par la statistique de Boltzmann. C'est ici que diffèrent les modèles de BRM et du BRF. Le premier assimile la section de tête au blob de tête alors que, pour Séménov et al., cette section correspond à l'extrémité fluctuante de la chaîne constituée de m blobs. En effet, pendant le déplacement curvilinéaire, ces m blobs relaxent suivant une dynamique de Rouse. Le temps caractéristique de cette relaxation ainsi que le déplacement correspondant sont :

$$\tau(m) = m^2\tau_0 \tag{A.11}$$

$$\Delta s(m) = m^{1/2}a \tag{A.12}$$

Pendant ce temps $\tau(m)$, cette section se déplace sous l'action du champ électrique avec la vitesse curvilinéaire $v_c = \frac{\varepsilon h_x}{N_g\tau_0}$ [44]. Pour des temps courts, la fluctuation $\Delta s(m)$ est plus importante que le déplacement $\Delta s_c = v_c\tau(m)$.Le temps de cross-over et la taille de la section fluctuante sont donc fixés par la condition $\Delta s(m) = \Delta s_d$, ce qui donne avec les équations (A.11) et (A.12)

$$\tau(m) = \left(\frac{a^4}{\tau_0 v_c^4}\right)^{1/3} \tag{A.13}$$

$$s(m) = \Delta s(m) = ma = v_c\tau(m) = \left(\frac{a^4}{\tau_0 v_c}\right)^{1/3} \tag{A.14}$$

On en déduit également le nombre de blobs dans la section de tête, qui dépend donc de la conformation de la chaîne :

$$m = \left(\frac{N_g a}{\varepsilon h_x}\right)^{1/3} \tag{A.15}$$

Donc, pendant des temps inférieurs à $\tau(m)$, ces m blobs explorent différentes nouvelles sections de tube plutôt que de glisser d'un pore à l'autre.

L'énergie électrostatique de cette section étant $-\frac{m\mu_0\eta_s a^2 E\cos\theta}{2} = -\frac{\varepsilon\cos\theta}{2}$, la statistique de Boltzmann permet de calculer les moyennes d'ordre 1 et 2 de $\cos\theta$:

$$\langle\cos\theta\rangle = \frac{m\varepsilon}{3} + O(\varepsilon^3) \tag{A.16}$$

$$\langle\cos^2\theta\rangle = \frac{1}{3} + O(\varepsilon^2) \tag{A.17}$$

Pour $N >> 1$ et pour $\varepsilon << 1$, on peut donc obtenir l'expression de la vitesse électrophorétique à partir des relations (A.10), (A.16) et (A.17) :

$$v(N_g, \varepsilon) = \frac{a\varepsilon}{3\tau_0}\left[\frac{1}{N_g} + \frac{(m\varepsilon)^2}{3}\right] \tag{A.18}$$

Il y a deux cas :

i) la chaîne est gaussienne : $\frac{1}{N} \gg \frac{(m\varepsilon)^2}{3}$ (ce qui revient à $< \cos\theta >= 0$ et $< \cos^2\theta >= 1/3$)

$$v(N_g, \varepsilon) \backsim \frac{\varepsilon}{N_g a^2} \text{ et } \mu \backsim N_g^{-1}\varepsilon^0 \tag{A.19}$$

Le champ est suffisamment faible, ou la molécule suffisamment petite, pour que la diffusion domine. Tout se passe comme si la chaîne diffusait dans une direction préférentielle qui est celle du champ. La mobilité est alors dépendante de la taille du polyélectrolyte.

ii) la chaîne est allongée : $\frac{1}{N_g} \ll \frac{(m\varepsilon)^2}{3}$ (ou $< \cos\theta >= \frac{m\varepsilon}{3}$ et $< \cos^2\theta >\backsim O(\varepsilon^2)$)

$$v(N_g, \varepsilon) \backsim \frac{\varepsilon^2}{a^2} \text{ et } \mu \backsim N_g^0\varepsilon \tag{A.20}$$

La molécule s'étire et s'oriente sous l'effet du champ. C'est cette orientation [4] qui est responsable de l'indépendance de la mobilité électrophorétique avec la masse.

Le cross-over entre ces deux régimes de reptation sans orientation et reptation avec orientation est : $N_g^* \backsim \varepsilon^{-1}$.

Sémenov et al. proposent également un traitement plus quantitatif du BRF sans utilisation de l'argument de quasi-équilibre. Viovy [76] a proposé une expression pour tenir compte du fait que la mobilité n'est pas infiniment linéaire avec le champ et ne peut dépasser sa valeur en solution pure.

Coefficient de diffusion :

Bien qu'établie dans le cadre du BRM, la démarche de Slater peut être utilisée pour obtenir les lois d'échelle du coefficient de diffusion dans le cadre du BRF.

Le temps de renouvellement du tube est donné par (cf équation (A.5) :

$$\tau_{new} = \frac{\tanh(N_g\delta)}{N_g\delta} N_g^3\tau_0 \tag{A.21}$$

Par ailleurs, l'incertitude sur la position du centre de masse est :

$$< \Delta x^2 > = < h_x^2 > - < h_x >^2 = N_g a^2 (< \cos^2\theta > - < \cos\theta >^2) = N_g a^2 \sigma^2 \quad (A.22)$$

Le coefficient de diffusion est alors donné par :

$$D = \frac{< \Delta x^2 >}{\tau_{new}} = \frac{\sigma^2 a^2}{N_g^2 \tau_0} . \left\langle \frac{N_g \delta}{\tanh(N_g \delta)} \right\rangle \quad (A.23)$$

En plus du cross-over à $N_g^* \backsim \varepsilon^{-1}$ qui marque la limite entre deux domaines de valeurs pour σ, il y a également deux régimes suivant que $N_g\delta < 1$ ou $N_g\delta > 1$.

i) Lorsque le champ est très faible, la chaîne reste gaussienne : $\sigma^2 = \frac{Na^2}{3}$ et $N\delta \ll 1$. On a donc :

$$D \backsim \frac{a^2}{N_g^2 \tau_0} \quad (A.24)$$

Ceci est le même résultat que pour la reptation à champ nul.

ii) Lorsque le champ augmente, la molécule reste gaussienne mais $N\delta > 1$, alors :

$$D \backsim \frac{a^2 N_g^{1/2} \varepsilon}{N_g \tau_0} \quad (A.25)$$

iii) Enfin, si le champ est suffisamment fort pour étirer la chaîne, $\sigma^2 = N^2 a^2 < \cos\theta >^2$

$$D \backsim \frac{N_g a^2 \varepsilon^{3/2}}{N_g \tau_0} \quad (A.26)$$

Dans les deux derniers régimes, il ne s'agit plus que de diffusion purement brownienne : le processus de renouvellement du tube de reptation est accéléré par le champ électrique.

Séménov et Joanny [77] ont développé une approche plus générale des coefficients de diffusion lors de l'électrophorèse en gel qui permet notamment de prédire le rapport entre la constante de diffusion parallèle au champ et celle orthogonale, relation vérifiée expérimentalement depuis [4].

Résumé :

Reprenons les résultats des deux sections précédentes en introduisant les paramètres moléculaires $\varepsilon_k = \left(\frac{a}{b}\right)^{-2} \varepsilon = \frac{\mu_0 \eta_s E b^2}{2 k_B T}$.

$$\begin{array}{lll} N_k < N_k^{**}, & \dfrac{D}{D_k} \backsim N_k^{-2}\left(\dfrac{a}{b}\right)^3 & \qquad (A.27a) \\ N_k^{**} < N_k < N_k^*, & \dfrac{D}{D_k} \backsim N_k^{-1/2}\varepsilon_k\left(\dfrac{a}{b}\right)^2 \quad \dfrac{\mu}{\mu_0} \backsim N_k^{-1}\left(\dfrac{a}{b}\right)^2 & \qquad (A.27b) \\ N_k^* < N_k & \dfrac{D}{D_k} \backsim \varepsilon_k^{3/2}\left(\dfrac{a}{b}\right)^2 \quad \dfrac{\mu}{\mu_0} \backsim \varepsilon_k\left(\dfrac{a}{b}\right)^2 & \qquad (A.27c) \end{array}$$

avec $N_k^* \backsim \varepsilon_k^{-1}$, $N_k^{**} \backsim \varepsilon_k^{-2/3}\left(\frac{a}{b}\right)^{2/3}$.

Cas des gels serrés :

Les développements ci-dessus sont valables dans le cas où la longueur de Kuhn de la molécule est bien plus petite que la taille des pores ($b \ll a$). Séménov, Duke et Viovy [51] ont également considéré le cas $b > a$ où la rigidité de la molécule devient importante et on obtenu pour la mobilité :

$$N_k < N_k^*, \qquad \frac{\mu}{\mu_0} \sim N_k^{-1} \qquad (A.28)$$

dans le régime de reptation sans orientation. La valeur de N_k^* dépend à la fois de ε_k et de N_k. Ainsi, pour la reptation avec orientation $N_k > N_k^*$, il y a trois cas :

$$\begin{array}{lll} N_k > \left(\dfrac{a}{b}\right)^{-3}, & N_k^* \sim \left(\dfrac{a}{b}\right)^{-3/2}\varepsilon_k^{-1} & \qquad (A.29a) \\ \left(\dfrac{a}{b}\right)^{-3} > N_k > \left(\dfrac{a}{b}\right)^{-2}, & N_k^* \sim \left(\dfrac{a}{b}\right)^{-12/5}\varepsilon_k^{-2/5} & \qquad (A.29b) \\ \left(\dfrac{a}{b}\right)^{-2} > N_k, & N_k^* \sim \left(\dfrac{a}{b}\right)^{-4}\varepsilon_k^{-2} & \qquad (A.29c) \end{array}$$

Dans ce régime, la mobilité peut s'écrire :

$$\frac{\mu}{\mu_0} \sim \frac{1}{N_k^*} \qquad (A.30)$$

A partir de ces résultats et à l'aide d'un développement similaire à celui de Slater, nous avons déterminé le coefficient de diffusion dans ces différents régimes :

$$\frac{D}{D_k} \backsim N_k^{-2}\left(\frac{a}{b}\right)^3 \qquad \text{pour } N_K < N_k^{**} \tag{A.31a}$$

$$\frac{D}{D_k} \backsim N_k^{-1/2}\varepsilon_k\left(\frac{a}{b}\right) \qquad \text{pour } N_k^{**} < N_k < N_k^{*} \tag{A.31b}$$

$$\frac{D}{D_k} \sim \varepsilon_k^{3/2}\left(\frac{a}{b}\right)^{7/4} \qquad \text{pour } N_k > N_k^{*} \sim \left(\frac{a}{b}\right)^{-3/2}\varepsilon_k^{-1} \tag{A.31c}$$

$$\frac{D}{D_k} \sim \varepsilon_k^{6/5}\left(\frac{a}{b}\right)^{11/5} \qquad \text{pour } N_k > N_k^{*} \sim \left(\frac{a}{b}\right)^{-12/5}\varepsilon_k^{-2/5} \tag{A.31d}$$

$$\frac{D}{D_k} \sim \varepsilon_k^{2}\left(\frac{a}{b}\right)^{3} \qquad \text{pour } N_k > N_k^{*} \sim \left(\frac{a}{b}\right)^{-4}\varepsilon_k^{-2} \tag{A.31e}$$

avec $N_k^{**} \sim \varepsilon_k^{-2/3}\left(\frac{a}{b}\right)^{4/3}$.

En ce qui concerne la dépendance avec le champ électrique, on retrouve bien les résultats du BRF aux champs faibles et gels peu serrés ((A.29a), (A.31c)) et ceux du BRM pour les gels très serrés ((A.29c), (A.31e)) puisque dans ce cas, il n'y a plus de fluctuations possibles.

Annexe B

Linéarisation des fragments d'ADN

En dehors des ADN λ (48500 bp) et T2 (164000 bp) qui sont des produits commerciaux, les autres fragments utilisés ont été linéarisés par des enzymes de restriction à partir de plasmides. Le tableau suivant donne les ADN obtenus à partir des plasmides.

Dans un premier temps,ces plasmides ont été synthétisés puis linéarisés à partir des vecteurs correspondants avec l'aide de Jean-Marie Garnier (IGBMC, Strasbourg). Par la suite, nous en avons digéré au laboratoire en fonction de nos besoins. Les différentes étapes sont les suivantes :

Digestion par l'enzyme :

On prépare le mélange suivant, en ajoutant dans l'ordre :

1) eau millipore
2) TBE x10

Plasmide	**Enzyme**	**ADN**
Actine	BamH I	4700 bp
mpCiP	Pvu I	19100 bp
TRP	Xho I	10300 bp
mALDHI	BamH I	10000bp

TAB. B.1 – Plasmides et enzymes utilisés pour linéariser différentes masses d'ADN.

3) ADN plasmide

4) enzyme (1 unité pour 1 μg d'ADN)

Les quantités d'eau et de TBE sont fixées par la quantité d'ADN de telle sorte que l'on ait une solution tampon TBE x1. Ensuite, on laisse digérer pendant 2 heures à 37 $°C$.

Extraction :

Pour détruire l'enzyme et récupérer l'ADN, on ajoute du phénol saturé en TBE et du chloroforme (à raison de 1/2 volume chacun) puis on centrifuge 5 mn. L'ADN est alors dans la phase aqueuse surnageante que l'on extrait.

Pour le précipiter, on ajoute du NaCl 5 M (en quantité telle que sa concentration finale soit de $0,2\ M$) et 2 volumes d'éthanol absolu. On laisse l'aliquot à -20$°C$ pendant une nuit. Après centrifugation, on laisse sécher puis on le dilue avec du TBE.

Contrôle de la digestion :

Lors de la première digestion effectuée à l'IGBMC, nous avons contrôlé les fragments obtenus grâce à une électrophorèse sur gel d'agarose. Pour cela, on fait migrer l'ADN dans le gel à 1,5% sous un champ de 2,8 $V.cm^{-1}$. Puis, on colore le gel avec du bromure d'éthidium et on le photographie sous UV.

Nous avons également mesuré le coefficient de diffusion de tous les échantillons par FRAP afin de nous assurer de leur qualité. Pour les fragments digérés au laboratoire, c'est la seule méthode de contrôle que nous avons utilisée.

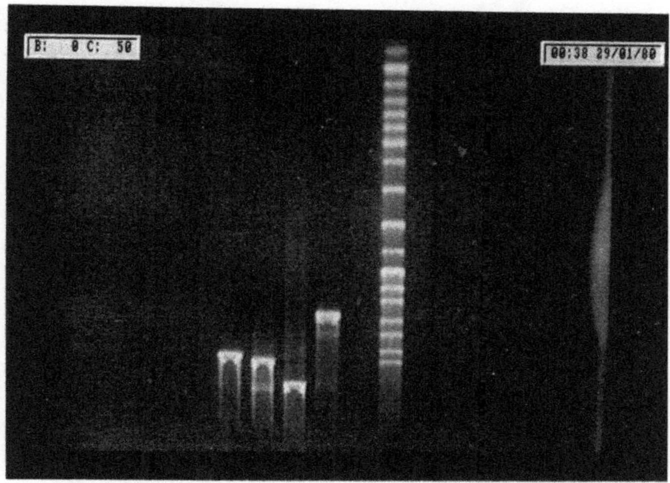

FIG. B.1 – Electrophorèse sur gel d'agarose des fragments 4700 bp, 10000 bp, 10300 bp et 19100 bp.

Principales notations

a : taille de pore des gels
b : longueur de Kuhn
C : concentration de la solution de polymère
C^* : seuil de recouvrement
D : coefficient de diffusion de l'ADN
D_{pol} :coefficient de diffusion du polymère neutre
D_k : coefficient de diffusion d'un segment de Kuhn
e : charge élémentaire
E : champ électrique
g : nombre de monomères par blob
h_x : projection de la longueur bout-à-bout de la chaine sur l'axe du champ
K : constante de Mark-Houwink
k_B :constante de Boltzmann
L : longueur de contour de l'ADN
L_{pol} : longueur de contour du polymère
L_t : longueur du tube de reptation
M_w : masse moléculaire du polymère
M : masse molaire de l'ADN
n_{pol} : nombre de blobs du polymère
N : nombre de paires de bases de l'ADN
N_a :nombre d'Avogadro
N_{pol} : nombre de monomères du polymère
N_g :nombre de pore occupés
N_k : nombre de segments de Kuhn de l'ADN
p : longueur de persistance
q : charge d'un blob
q_{eff} : charge efficace par paire de bases
q_k :charge d'un segment de Kuhn

R_g : rayon de gyration de l'ADN

R_{pol} : rayon de gyration du polymère

t_r :temps de reptation du polymère

v_{pol} : vitesse curvilinéaire du polymère en reptation

v_c :vitesse curvilinéaire de l'ADN en reptation

V : vitesse de l'ADN (général)

V_n :vitesse de l'ADN avec n polymères accrochés

V_0 :vitesse de l'ADN en solution pure

α : exposant de Mark-Houwink

ε :champ réduit rapporté à un blob

ε_k :champ réduit rapporté à la longueur de Kuhn

ϕ :potentiel zêta d'une surface

η : viscosité

η_s :viscosite du solvant

κ^{-1} : longueur de debye-Hückel

μ : mobilité électrophorétique

μ_0 : mobilité de l'ADN en solution pure

μ_{pol} : mobilité du dextrane

ν : exposant de Flory

ξ_c : longueur de corrélation

ξ_b : taille d'un blob

ζ : friction sur un monomère ou une paire de bases

ζ_k : friction sur un segment de Kuhn

ζ_b : friction sur un blob

ζ_{pol} : friction sur un polymère

ζ_{ADN} : friction sur une chaîne

τ_b : temps d'un blob

Bibliographie

[1] C. Heller. *Electrophoresis*, 19 :1962–1977, (1999).

[2] D. Long, J.-L. Viovy, and A. Ajdari. *Physical Review Letters*, 20 :3858–3861, (1996).

[3] B. Tinland. *Electrophoresis*, 17 :1519–1523, (1996).

[4] L. Meistermann. *Thèse de Doctorat de l'Université Louis Pasteur*, (1999).

[5] B. Tinland, L. Meistermann, and G. Weill. *Physical Review E*, 61 :6993–6998, (1998).

[6] J. Davoust, P.-F. Devaux, and L. Léger. *The EMBO Journal*, 2 :1233–1238, (1982).

[7] G. Weill and J. Sturm. *Biopolymers*, 14 :2537–2553, (1975).

[8] T. Odijk. *Journal of Polymer Science*, 15 :477–485, (1977).

[9] H. Benoit and P. Doty. *Journal of Physical Chemistry*, 57 :958–963, (1953).

[10] G. Maret and G. Weill. *Biopolymers*, 22 :2727–2744, (1983).

[11] N. Pernodet. *Thèse de Doctorat de l'Université Louis Pasteur*, (1996).

[12] A.N. Glazer and H. S. Rye. *Nature*, 359 :859–861, (1992).

[13] A. Larsson, C. Carlsson, M. Jonsson, and B. Albinsson. *Journal of the American Chemical Society*, 116 :8459–8465, (1994).

[14] C. Carlsson, A. Larsson, and M. Jonsson. *Electrophoresis*, 17 :642–651, (1996).

[15] J. W. Van Cleve, W. C. Schaefer, and C. E. Rist. *Journal of the American Chemical Society*, 78 :4435–4438, (1956).

[16] C. Heller. *Electrophoresis*, 19 :1691–1698, (1998).

[17] A. E. Barron, H. W. Blanch, and D. S. Soane. *Electrophoresis*, 15 :597–615, (1995).

[18] S. Hjertén. *Journal of Chromatography*, 347 :191–198, (1985).

[19] S. Hjertén. *Journal of Chromatography*, 550 :811–822, (1991).

[20] M. N. Albarghouti and A. Barron. *Electrophoresis*, 21 :4096–4111, (2001).

[21] P. G. Righetti, C. Gelfi, B. Verzola, and L. Castelli. *Electrophoresis*, 22 :603–611, (2001).

[22] R. S. Madabhushi. *Electrophoresis*, 19 :224–230, (1998).

[23] M. Von Smoluchowski. *Bulletin International de l'Académie des Sciences de Varsovie*, 8 :182–200, (1903).

[24] R. J. Hunter. *Foundations of Colloid Science.* Oxford Science Publications, (1987).

[25] E. Hückel and P. Debye. *Physikalische Z.*, 25, (1924).

[26] W. B. Russel, D. A. Saville, and W. R. Schowalter. *Colloidal Dispersion.* Cambridge University Press, (1989).

[27] D. Stigter. *Journal of Physical Chemistry*, 82 :1424–1429, (1977).

[28] M. Doi and S. F. Edwards. *The Theory of Polymer Dynamics.* Oxford Science Publication, (1986).

[29] B. Olivera, P. Baine, and N. Davidson. *Biopolymers*, 2 :245–257, (1964).

[30] D. Long, J.-L. Viovy, and A. Ajdari. *Journal of Physics : Condensed Matter*, 8 :9471–9475, (1996).

[31] J.-L. Barrat and J.-F. Joanny. *Advances in Chemical Physics*, 94 :1–66, (1996).

[32] H. Hervet and C. P. Bean. *Biopolymers*, 26 :727–742, (1987).

[33] N. C. Stellwagen. *Biochemistry*, 22 :6180–6185, (1983).

[34] B. Tinland, N. Pernodet, and G. Weill. *Electrophoresis*, 17 :1046–1051, (1996).

[35] N. C. Stellwagen, C. Gelfi, and P. G. Righetti. *Biopolymers*, 42 :687–703, (1997).

[36] A. Ekani Nkodo, J.-M. Garnier, B. Tinland, H. Ren, C. Desruisseaux, L. C. McCormick, and G. W. Slater G. Drouin. *Electrophoresis*, 22 :2424–2432, (2001).

[37] D. E. Smith, T. T. Perkins, and S. Chu. *Macromolecules*, 29 :1372–1373, (1996).

[38] S. Sorlie and R. Pecora. *Macromolecules*, 23 :487–497, (1990).

[39] D. Rodbard and A. Chrambach. *Proceedings of the National Academy of Sciences USA*, 4 :970–977, (1970).

[40] A. G. Ogston. *Transactions of the Faraday Society*, 54 :1754–1757, (1958).

[41] G. W. Slater and G. L. Guo. *Electrophoresis*, 16 :11–15, (1995).

[42] P.-G. de Gennes. *Journal of Chemical Physics*, 55 :572–579, (1971).

[43] L.S. Lerman and H. L. Frisch. *Biopolymers*, 21 :995–997, (1982).

[44] O.J. Lumpkin and B. H. Zimm. *Biopolymers*, 21 :2315–2316, (1982).

[45] O. J. Lumpkin, P. Déjardin, and B. H. Zimm. *Biopolymers*, 24 :1573–1593, (1985).

[46] G. W. Slater and J. Noolandi. *Physical Review Letter*, 55 :1579–1582, (1985).

[47] G. W. Slater and J. Noolandi. *Biopolymers*, 25 :431–454, (1986).

[48] G. W. Slater. *Electrophoresis*, 14 :1–7, (1993).

[49] T. A. J. Duke, A. N. Semenov, and J.-L. Viovy. *Physical Review Letter*, 69 :3260–3263, (1992).

[50] T. A. J. Duke, A. N. Semenov, and J.-L. Viovy. *Biopoltmers*, 34 :239–247, (1994).

[51] A. N. Semenov, T. A. J. Duke, and J.-L. Viovy. *Physical Review E*, 51 :1520–1537, (1995).

[52] H. Cottet, P. Gareil, and J.-L. Viovy. *Electrophoresis*, 19 :2151–2162, (1998).

[53] P.-G. de Gennes. *Scaling Concepts in Polymer Physics.* Cornell University Press, (1979).

[54] D. Broseta, L. Leibler, A. Lapp, and C. Strazielle. *Europhysics Letters*, 2 :733–737, (1986).

[55] W. W. Graessley. *Advances in Polymer Science*, 47 :67–117, (1982).

[56] J. Klein. *Macromolecules*, 19 :105–118, (1986).

[57] J.-L. Viovy, M. Rubinstein, and R. H. Colby. *Macromolecules*, 24 :3587–3596, (1991).

[58] B. A. Smith, E. T. Samulski, L.-P. Yu, and M. A. Winnik. *Physical Review Letter*, 52 :45–48, (1984).

[59] P. D. Grossman and D. S. Soane. *Biopolymers*, 31 :1221–1228, (1991).

[60] J.-L. Viovy and T. Duke. *Electrophoresis*, 14 :322–329, (1993).

[61] S. J. Hubert, G. W. Slater, and J.-L. Viovy. *Macromolecules*, 29 :1006–1009, (1996).

[62] W. M. Sunada and H. W. Blanch. *Electrophoresis*, 19 :3128–3136, (1998).

[63] W. D. Volkmuth, T. Duke, M. C. Wu, R. H. Austin, and A. Szabo. *Physical Review Letters*, 72 :2117–2120, (1994).

[64] M. Kurata and Y. Tsunashima. *Polymer Handbook : Viscosity-Molecular Weight Relationships and Unperturbed Dimensions of Linear Chain Molecules.* John Wiley and Sons, (1986).

[65] R. S. Madhabushi, M. Vainer, V. Dolnik, S. Enad, D. L. Barker, D. W. Harris, and E. S. Mansfield. *Electrophoresis*, 18 :104–111, (1997).

[66] K. Starchev, J. Sturm, and G. Weill. *Macromolecules*, 32 :348–352, (1999).

[67] L. Meistermann and B. Tinland. *Physical Review E*, 58 :4801–4806, (1998).

[68] C. Carlsson, A. Larsson, M. Jonsson, and B. Nordén. *Journal of The American Chemical Society*, 117 :3871–3872, (1995).

[69] X. Shi, R. W. Hammond, and M. D. Morris. *Analytical Chemistry*, 67 :1132–1138, (1995).

[70] L. Mitnik, L. Salomé, J.-L. Viovy, and C. Heller. *Journal of Chromatography A*, 710 :309–321, (1995).

[71] W. D. Sunada and H. W. Blanch. *Biotechnology progress*, 14 :766–772, (1998).

[72] L. Mitnik. *Thèse de Doctorat de l'Université Paris 6*, (1995).

[73] Y. Fang, J. Zhong Zhang, J. Y. Hou, H. Lui, and N. J. Dovichi. *Electrophoresis*, 17 :1436–1442, (1996).

[74] A. E. Barron, W. M. Sunada, and H. W. Blanch. *Electrophoresis*, 17 :744–757, (1996).

[75] P. Déjardin. *Physical Review A*, 40 :4752–4755, (1989).

[76] J.-L. Viovy. *Review of Modern Physics*, (2000).

[77] A. N. Semenov and J.-F. Joanny. *Physical Review E*, 55 :789–799, (1997).

www.ingramcontent.com/pod-product-compliance
Lightning Source LLC
Chambersburg PA
CBHW021112210326
41598CB00017B/1417

9783838176451